PERFECT
PET
OWNER'S
GUIDES

飼育、品種、
接し方がよくわかる

フクロウ
完全飼育

著——藤井智之
編・写真——川添宣広

SEIBUNDO
SHINKOSHA

PERFECT PET OWNER'S GUIDES

目次

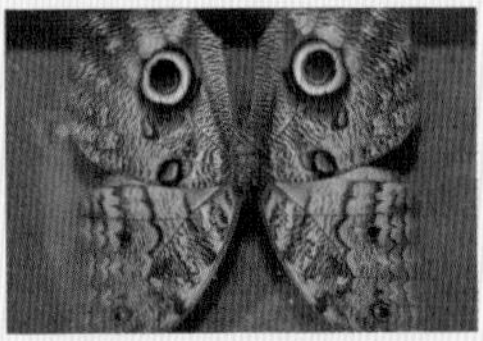

フクロウチョウ。中南米に生息するチョウの仲間。裏面を上下逆さまにすると名のとおりフクロウそっくり

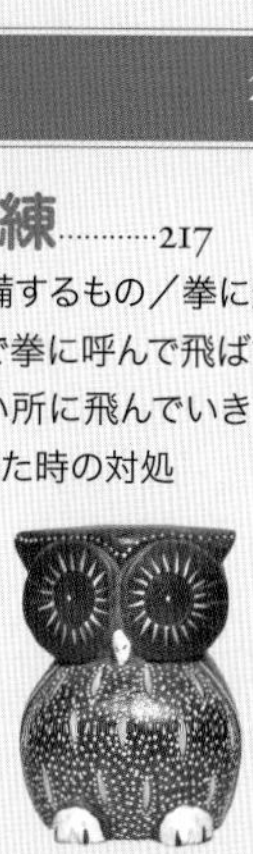

屋

フクロウの各部名称

※ フクロウの嘴は
下向き

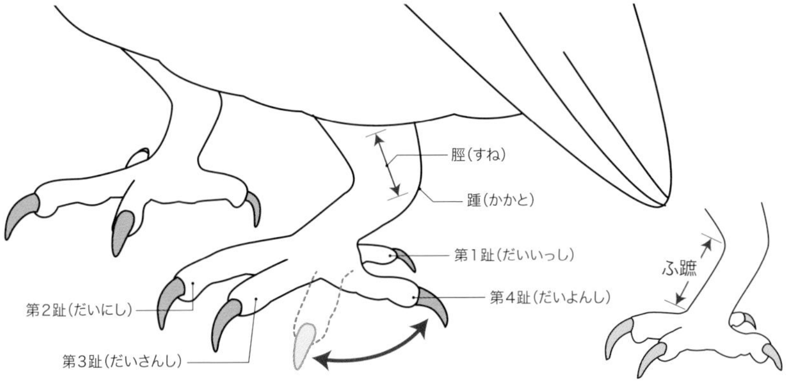

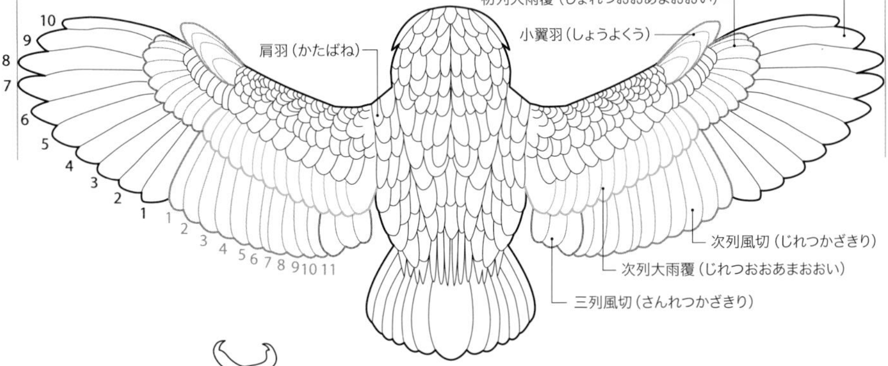

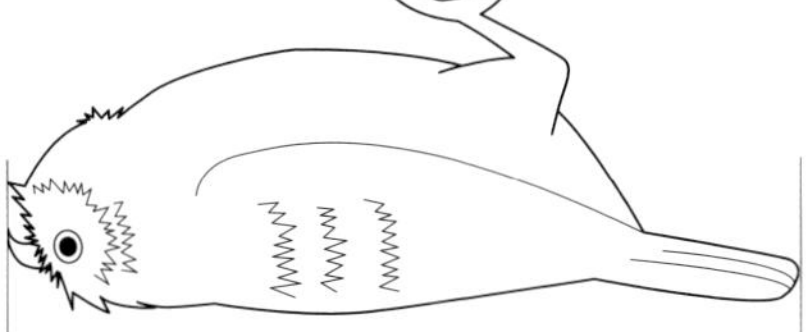

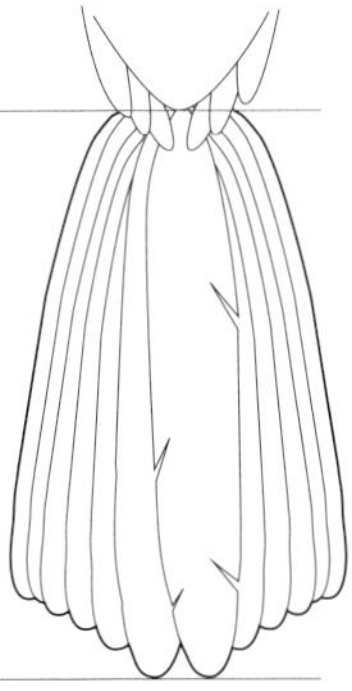

全長―嘴の先端から尾羽先端までを示します

翼長《よくちょう》―畳まれた翼の末端までの長さ

翼開長《よくかいちょう》―翼を広げた状態での両翼端の長さ／ウィングスパン

尾長《びちょう》―尾羽の全長を示します

まえがき foreword

「空前のフクロウブーム」から5年。

国内ブリーダーや海外からの輸入量も増え、出会う機会や入手の機会もずいぶんと増えたことかと思います。

フクロウは飼えるの?
長生きさせられるの?
自由に飛ばせるの?

から、その先へ。そんなフクロウたちはいかがお過ごしでしょうか?

フクロウは飼えていますか?
フクロウの健康を維持できていますか?
フクロウを飛ばすことはできましたか?

フクロウのブームは多くの問題を提起し、考え、悩み、そしてまだ、私自身それぞれに明確な答えを持つに至っていません。

私は、職業鷹匠を目指しています。依頼によって調教訓練を行い、猛禽類を使った害鳥駆除や、プロダクション業務、全国各地でのフライトショーなどを仕事としています。また、猛禽類の繁殖をして、ブリーダーとしても生計を立てています。仕事としてフクロウと関わっているなかで、省略したことや合理化してしまったこともあるでしょう。忘れない意味でも、家に帰ればフクロウを飼っています。

フクロウに限らず生き物の飼育には、やはり愛情は必要だと思っています。その愛情というのは、世話に割く時間であったり、金銭的な負担であったり、与える行為のことです。何も、金持ちの暇人だけが飼育を許されている、というのではありません。一定の時間を確保できないのであれば、効率を図るための設備にお金を掛けるのも一つの愛情であるということです。「かわいがる」は人がフクロウから与えてもらう側であり、生き物飼育の肝ではないと思います。

まだフクロウは、野生生物とコンパニオンバードとの狭間に位置している存在だと思います。これからのフクロウ飼育者によって、その道はどちらにも転がる隙を残していることでしょう。

昨今の「フクロウブーム」が、不幸なフクロウを大量に生産するような事態にならないことを願いつつ、本書を通してフクロウの飼育の一助になってくれれば幸いです。

藤井 智之

PERFECT PET OWNER'S GUIDES

Chapter 1

フクロウとは

フクロウってどんな生き物？

フクロウとは

フクロウの驚くべきメカニズム

フクロウ目はおよそ200種類が知られており、南極を除く世界中に分布し、そのうち日本には10種類が生息しています。このフクロウ目はメンフクロウ科に2属、その他をまとめてフクロウ科として20属以上に分類されています。

全鳥類のうち夜行性の鳥類は約3%と少ないですが、その半数近くをフクロウ目が占めています。しかし、フクロウ目の全てが完全な夜行性というわけではなく、夕暮れや夜明けに活動する種類や、昼夜問わず活動する種類も多くいます。

ワシ・タカ、ハヤブサなどと共に猛禽類と呼ばれますが、猛禽類とは鋭い嘴と湾曲(わんきょく)した爪を持ち、狩りを行う肉食の鳥を指す古い分類上の総称です。現在の分類ではワシ・タカ、ハヤブサとは遠縁とされています。また、同じ夜行性の嗅覚に頼るヨタカ目と近縁とされてきましたが、最近の分類では否定されています。

総じて丸い輪郭、大きな頭、直立した姿勢に加え顔のような輪郭の顔盤(がんばん)に、大きな両目が前面に位置し、カギ状の嘴は短く下に向いています。人面のようにも見えるその姿に人は親近感を抱きますが、その特徴にこそ驚くべき性能が隠されています。

視る――目

集光に優れた大きなレンズ(水晶体)を持ち、明暗感度の高い桿体細胞(かんたいさいぼう)を網膜(もうまく)に多く備えているため、暗闇でもよく見ることができます。

フクロウの眼球と人の眼球の対比

人の眼球

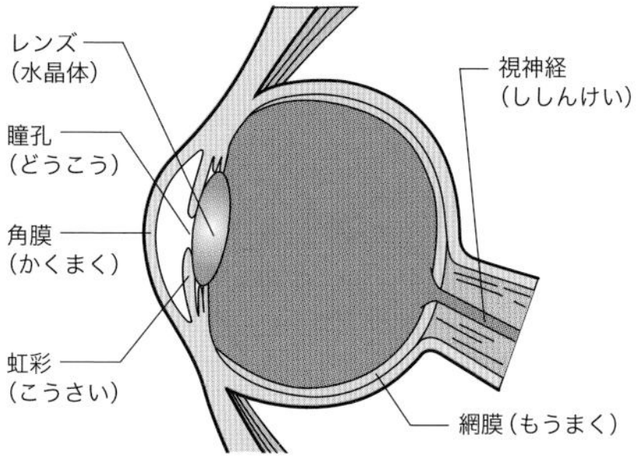

フクロウの眼球

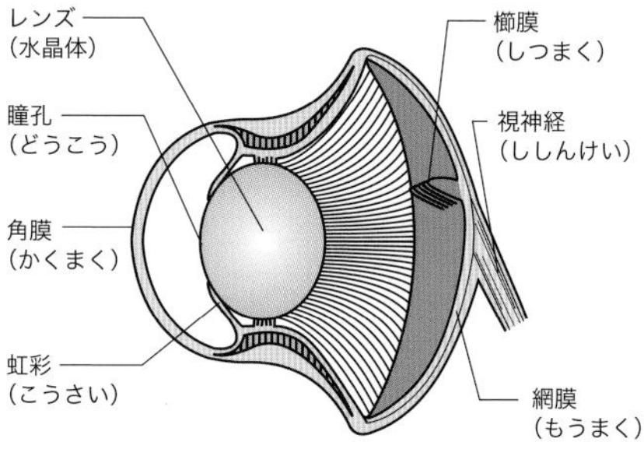

しかし、その不釣り合いに大きなレンズを獲得するために、両眼は顔の正面に配置され、眼球は筒状となって固定されてしまってほぼ動かすことはできません。

視野は110度と狭くなりますが、両目70度の範囲で完全な立体視ができます。

フクロウの頭骨

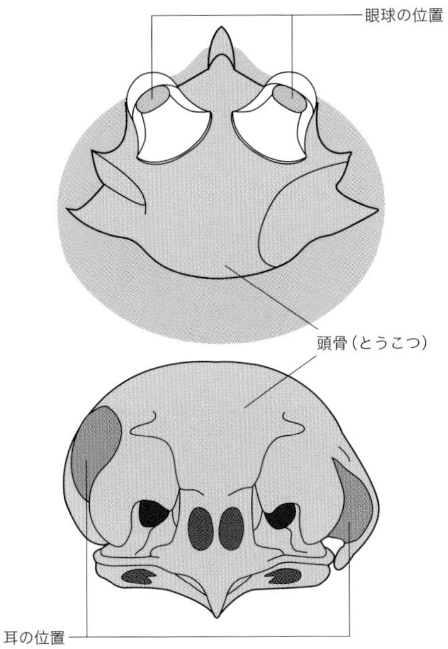

目を閉じたところ

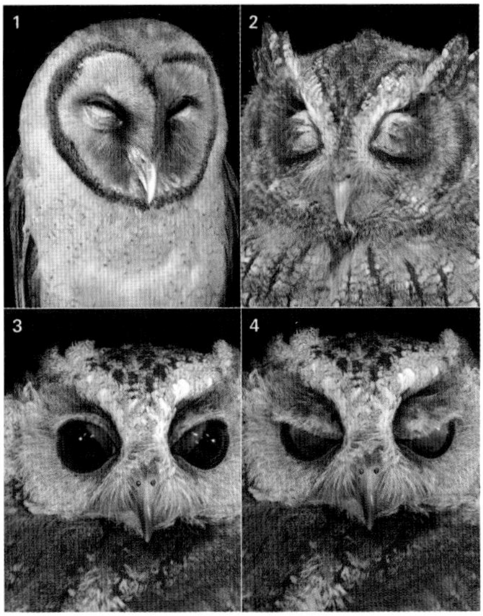

1ハイガオメンフクロウ　2スピックスコノハズク
3、4インドオオコノハズク。白く見えるのは瞬膜

フクロウの視野

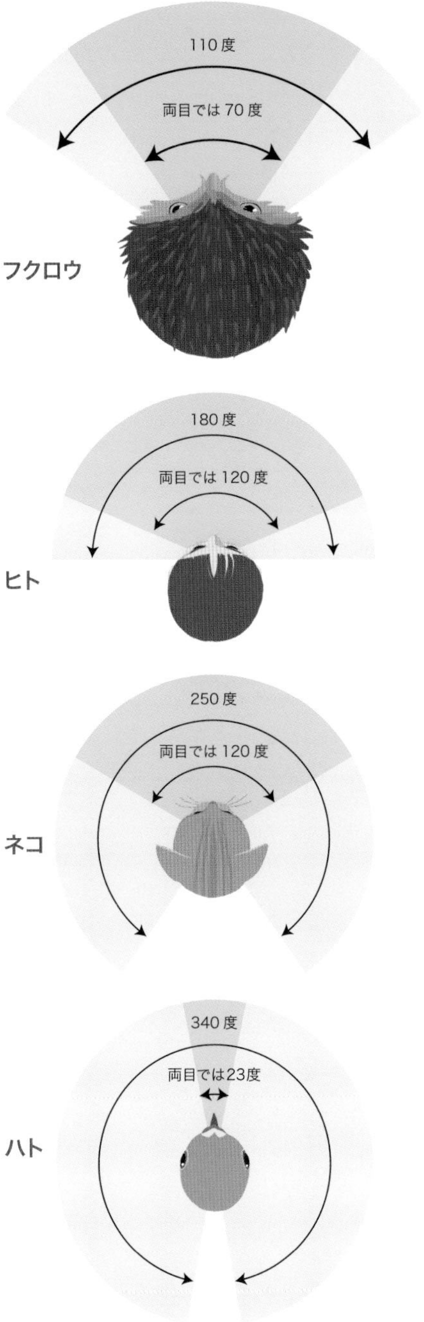

聴く———耳

多くの種類で、左右非対称な位置、形状を持っています。非対称であることで、音の到達する時間差で水平方向の位置を捉え、音の強弱で垂直方向を割り出して確実に音源を突き止めることができます。また、顔正面に位置する顔盤も重要な聴覚器官の働きをしていて、放射状に密集した羽毛は、枯れ葉のカサッとした音などの高周波音をよく反射させ、耳へと伝えています。これは人がよく聞くために、耳に手をあてるのと同じ働きをしています。

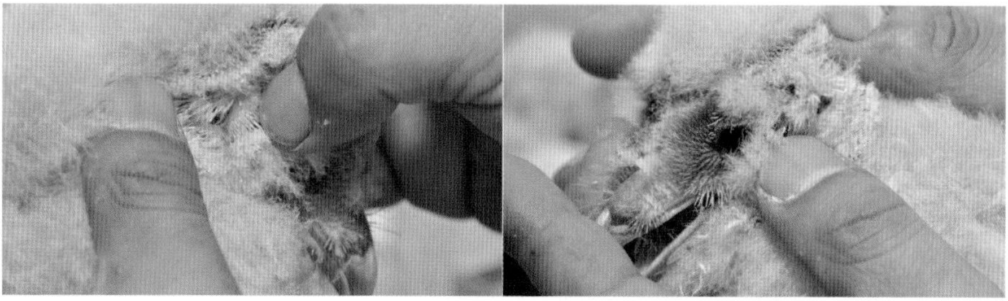

左右比対称の耳（メンフクロウ）

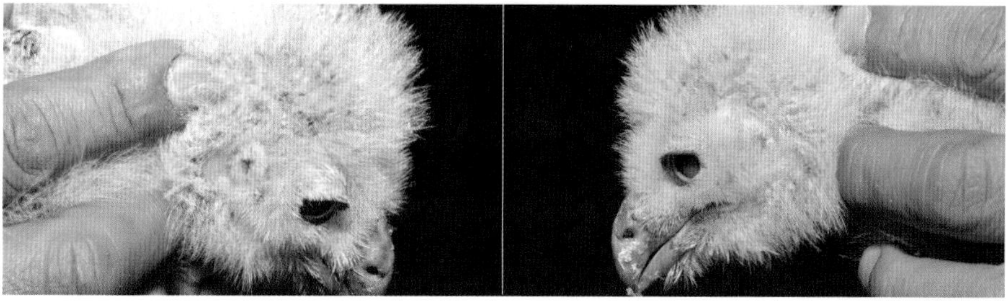

左右がほぼ対称に位置する耳（ワシミミズク）

羽角について

フクロウ科の多くには、目の上に耳のような房状の羽毛があります。羽角(うかく)と呼ばれる飾り羽根で、聴覚には関係していません。羽角は、視覚によるコミュニケーション手段と考えられますが、他にも木の枝に擬態している、哺乳類の食肉目に擬態しているなど諸説あります。実際のところはよく分かっていません。

羽角（アフリカワシミミズク）

回転———首

顔の正面に高性能な目と耳を備えていますが、その有効角度は狭く、それを補う形で、頭を左右真後ろ180度以上に回転できる柔軟な首を持っています。伸縮する頚動脈が血流を確保し、その動きを可能にしているようです。

フクロウの頸椎骨格

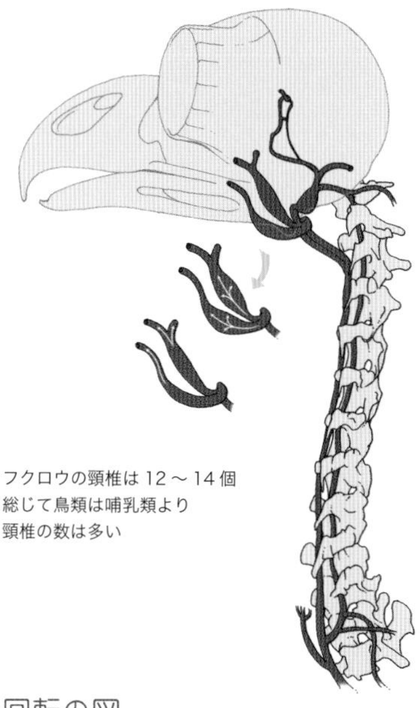

フクロウの頸椎は 12 ～ 14 個
総じて鳥類は哺乳類より
頸椎の数は多い

回転の図

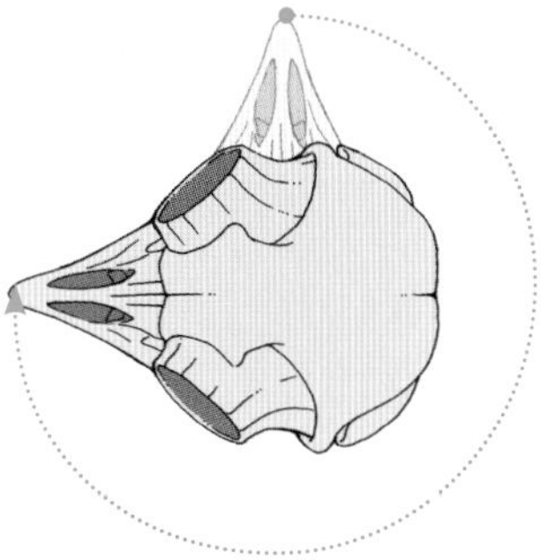

嚙る———嘴

カギ状の鋭い嘴は、狭い視野を妨げることのないように、短く下を向いています。齧ったり、むしったりは苦手らしく、獲物は丸呑みにしてしまうことが多いようです。

隠密———翼

一番外側の初列風切羽根(第10初列風切、種類によっては第9、第8も)の外縁に、のこぎりの歯のような突起があり、羽ばたく際に風を切る音を軽減します。さらに、風切羽根内側の柔らかさにも消音効果があり、幅広で大きな翼は、羽ばたき回数そのものを減らし、音もなく飛ぶことを実現させています。しかし、消音の必要性がない昼間活動する種類や、魚食傾向の強い種類に関しては、この機能はないようです。

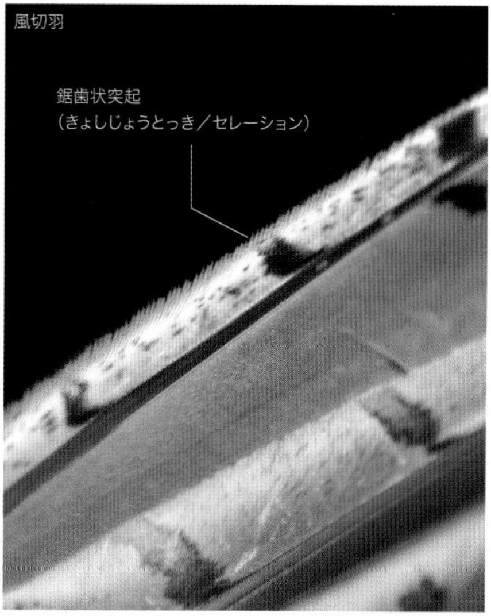

掴む———脚

湾曲した鋭い爪を持ち、一番外側の趾(第4趾)は前後に可動できます。獲物を捕える時など、握る動作時に趾(あしゆび)は前2本、後2本のX字に開き、確実に握り込むように働きます。リラックス時に上げた脚は、前3本、後1本となっています。また、ふ蹠から趾まで羽毛で覆われています。この羽毛は、齧歯類を捕える種類ほど多く見られ、噛まれるなどの逆襲を防ぐためとされています(防寒対策とも言われています)。逆に、昆虫食傾向の強い種類や、水に脚を入れる必要のある魚食するフクロウには羽毛は少なく、脚は長い傾向にあります。

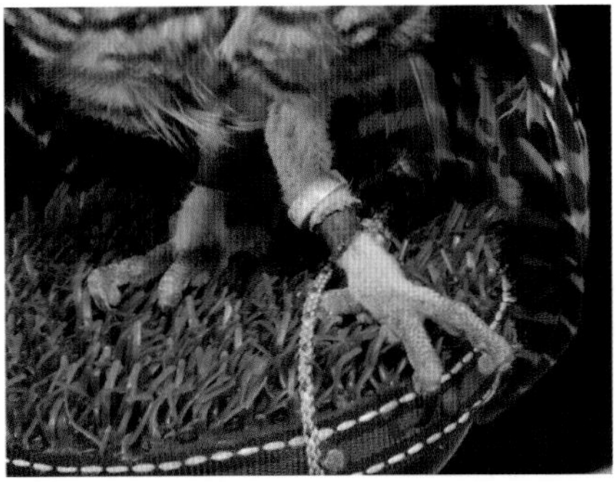

擬態———羽色

暗闇での狩りを行うため、緑や青といった派手な色彩の種類はいません。雪原のシロフクロウや、白と黒の配色を持つ一部の種類を除き、総じて茶色や灰色を基本とした保護色をしていて、雌雄による羽色の違いはありません。また、開けた環境に生息する種類より、森林に生息する種類の羽色は濃い傾向が強く、広葉樹林帯では茶色、針葉樹林帯では灰色など、同一種でも色相(モルフ)の違いがある種類も多く見られます。

競争———体格

フクロウ目は、50gに満たない小型種から4kgを超える大型種まで存在します。小型種は昆虫から齧歯類や小鳥など、中型種は齧歯類から同等サイズの鳥類･爬虫類、大型種ともなるとノウサギや同等サイズの鳥類まで、それぞれの体格に見合った獲物を捕らえ、幅広い食性を持っています。総じて雄より雌のほうが体は大きく、大型種になるほどその違いは顕著になります。これは、つがいが同じ縄張り内での獲物を取り合うことのないように、また、体力のある雌は抱卵の際に有利に働くためとされています。逆に、獲物の多い昆虫食傾向の種類や小型種では、雌雄にそこまでの体格差は生じないようです。

このように徹底した戦略をもって「夜の暗殺者」たらんと獲得したフォルムですが、後にこれほどまでに人々を魅了し、歓迎されることになろうとは、さしものフクロウも予想外だったことでしょう。

PERFECT PET OWNER'S GUIDES

Chapter 2

フクロウ図鑑

生物を表す名称として、日本語の「和名」、英語の「英名」のほか、世界共通の名称である「学名」があります。学名はラテン語で表記され、属名・小種名で表す二名法が一般的ですが、亜種まで特定できる場合は、属名・小種名・亜種名の三名法で表すこともあります。外国産のフクロウでは、商業流通という性質上、原産地が伏せられるケースも多く、亜種レベルまでの同定は難しいと言えます。そこで本書では、色相(モルフ)違い以外では、「○○タイプ」との表現を使いました。学術的な分類ではなく、流通上での名称となります。また、(　)表記の翼開長(よくかいちょう)に関しては、公式な記録として手持ちの資料では見ることができなかったため、近い大きさのフクロウから類推した数値で示してあります。

メンフクロウ

フクロウ目 Order STRIGIFORMES — **メンフクロウ科** Family TYTONIDAE — **メンフクロウ属** Genus *Tyto*

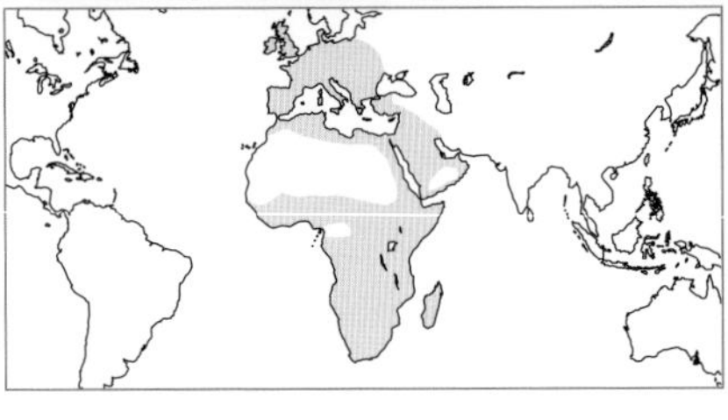

学　　名	*Tyto alba*
英　　名	Western Barn Owl（Common Barn Owl）
分　　布	ヨーロッパ西部、南アフリカ、西アジア
全　　長	29 ～ 44cm　　体　　重：200 ～ 480g
翼　　長	23.5 ～ 32.3cm　　翼 開 長：90 ～ 100cm
生息環境	木々のまばらな開けた地域、人の生活圏近くまで
食　　性	主に齧歯類などの小型哺乳類、小型鳥類、爬虫類、両生類、昆虫など

メンフクロウの仲間は分類が進み、国内で流通しているであろう本種のほか、アジアからオーストラリアに分布するEasten Barn Owl（*Tyto javanica*）、南北アメリカに分布するAmerican Barn Owl（*Tyto furcata*）に分けられました。色やサイズなどはバリエーションに富んでいます。国内では亜種名までは不明ながら、ヨーロッパ由来と思われる胸面に大きなドットが多く入り頭や背面・翼に灰色が広く入るタイプと、アフリカ由来と思われる胸面が真っ白く、やや大きなタイプ（流通名:ホワイトタイプ）のほか、顔盤が焦茶、全体的に濃い灰色で配色される、やや小振りなタイプ（流通名:ブラックタイプ）などの流通が見られます。順応性が高く、飛翔能力も高いので、フライト訓練も十分に楽しめるでしょう。

綿毛の雛

ホワイトタイプ

アフリカ産として
輸入された個体

ブラックタイプ

“ブラック&ホワイト”メンフクロウ。
ホワイトタイプとブラックタイプのメンフクロウを
交配させた個体（亜種間交配）で、
ブラックタイプの羽色に、
顔盤のみ白いという表現

ハイガオメンフクロウ

フクロウ目 Order STRIGIFORMES —— メンフクロウ科 Family TYTONIDAE —— メンフクロウ属 Genus *Tyto*

学　　名：*Tyto glaucops*
英　　名：Ashy-faced Owl
分　　布：ハイチ、ドミニカ共和国など西インド諸島
全　　長：26 ～ 43cm　　体　　重：250 ～ 450g
翼　　長：24 ～ 28cm　　翼 開 長：（90 ～ 100cm）
生息環境：低木の点在する開けた場所、林。人の生活圏近くにも
食　　性：主に齧歯類などの小型哺乳類、小型鳥類、爬虫類、両生類、昆虫など

灰色の顔盤が特徴的な、極めて狭い生息地を持つメンフクロウです。胸面はオレンジがかった薄茶色に、頭・背面・翼は濃い灰色または茶褐色をしています。ブラックタイプのメンフクロウに似ていますが、本種のほうがやや大きく、脚もがっしりとした印象を受けます。メンフクロウと比較すると、飼育下での繁殖では卵の数は少ないようです。

ニセメンフクロウ

フクロウ目 Order STRIGIFORMES — **メンフクロウ科** Family TYTONIDAE — **ニセメンフクロウ属** Genus *Phodilus*

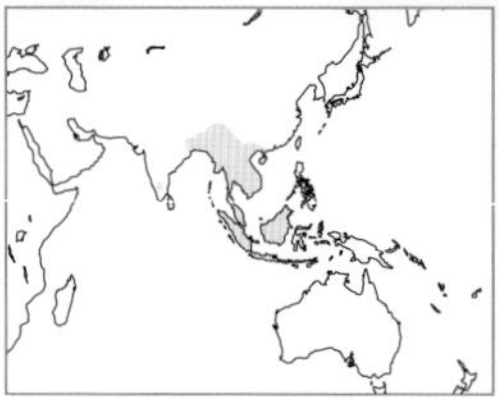

学　　名：*Phodilus badius*
英　　名：Oriental Bay Owl
分　　布：東南アジア、インド北東部、中国南東部、ベトナム、タイなど
全　　長：23 ～ 33cm　　体　　重：255 ～ 308g
翼　　長：17.2 ～ 23.7cm　　翼 開 長：（80 ～ 90cm）
生息環境：森林から田園まで。水辺の近くでよく狩りを行う姿が見られます
食　　性：齧歯類、コウモリ、小型の鳥類、爬虫・両生類、虫など

V字型に盛り上がった独特な形状の顔盤を持ち、上部は羽角のように少し尖っています。目はやや縦方向に切れ込み、異様な風貌をしています。熱帯地域の森林に生息するので、冬の寒さには注意したほうがよいでしょう。ヨーロッパからの繁殖個体を種親に、国内での繁殖例も聞かれるようになってきましたが、1回の産卵数も少なく、まだまだ流通量は少ないです。

インドオオコノハズク

フクロウ目 Order STRIGIFORMES ── **フクロウ科** Family STRIGIDAE ── **コノハズク属** Genus *Otus*

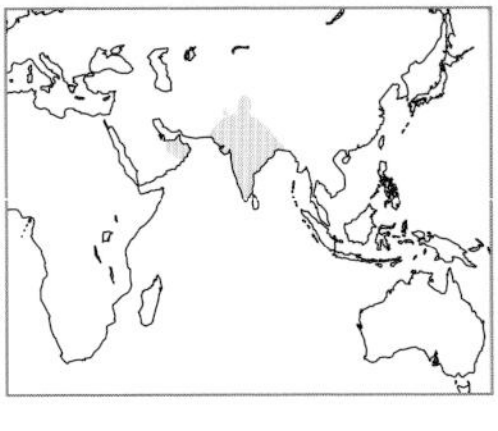

学　　名：*Otus bakkamoena*
英　　名：Indian Scops Owl
分　　布：パキスタン、インド、スリランカなど
全　　長：20cm　**体　　重**：125 ~ 150g
翼　　長：14.3 ~ 18.5cm　**翼 開 長**：60 ~ 66cm
生息環境：やや乾燥した森林、二次林。人里近くの果樹園でも見られます
食　　性：主に甲虫やバッタなどの昆虫類のほか、小型の齧歯類や爬虫類

濃い茶色の虹彩で、黒目がちでかわいらしいフクロウです。近縁の日本のオオコノハズク(*Otus semitorques*)によく似ていますが、そちらはオレンジ色の虹彩をしていることで判別できます。全体的に茶褐色で、胸面がクリーム色のモルフのほか、灰色ベースのモルフも存在します。

若い個体

◀日本のオオコノハズク。虹彩はオレンジ色。ガラスにぶつかって動けずにいるところを保護され、県の動物指導センターに連携するまでの期間の飼育管理を行いました。特に外傷も見られず、1～2週間様子を見て放鳥されるとのことでした

カラードオオコノハズク（クビワオオコノハズク）

フクロウ目 Order STRIGIFORMES ― フクロウ科 Family STRIGIDAE ― コノハズク属 Genus *Otus*

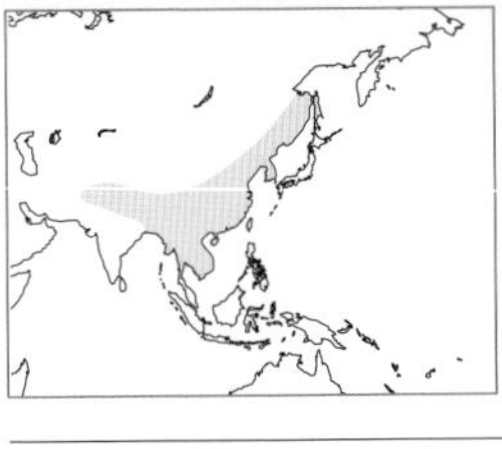

学　　名：*Otus lettia*
英　　名：Collared Scops Owl
分　　布：中国、台湾、パキスタン、ネパールなど
全　　長：23 ～ 25cm　　体　　重：100 ～ 170g
翼　　長：15.8 ～ 18.8cm　　翼 開 長：（60 ～ 66cm）
生息環境：さまざまなタイプの森林、二次林。人里近くでも見られます
食　　性：昆虫類やトカゲなどの爬虫類、小型の齧歯類、小鳥など

インドオオコオハズク(*Otus bakkamoena*)に非常によく似ますが、本種のほうがやや大きいとされ、また、モルフのバリエーションにも富んでいます。インドオオコノハズクより独立した分類となった本種ですが、近年に見られるこの名前での輸入や流通する種類は、過去にインドオオコノハズクとして流通している種類と同じであると思われます。本書では、海外の繁殖家や輸入インボイスに従いました。

スンダオオコノハズク

フクロウ目 Order STRIGIFORMES — **フクロウ科** Family STRIGIDAE — **コノハズク属** Genus *Otus*

学　　名：*Otus lempiji*
英　　名：Sunda Scops Owl
分　　布：タイ南部、マレーシア、スマトラ、ボルネオ、ジャワなど
全　　長：20cm　**体　　重**：100 ～ 120g
翼　　長：13.6 ～ 15.7cm　**翼 開 長**：（55 ～ 60cm）
生息環境：森林、植林地など（近似種の中では、より開けた環境を好む）
食　　性：主に昆虫類のほか、小型の鳥類など

濃い茶色からオレンジ色の虹彩に、背面は茶色、胸面はクリーム色と、インドオオコノハズク（*Otus bakkamoena*）によく似ていますが、本種のほうがやや小さいです。過去には多くの流通が見られましたが、今ではあまり見かけません。写真は、個人所有の約10年飼育の個体。他に、濃い灰色のモルフも知られています。

若い個体

スンダオオコノハズクとして紹介された
色みの違うタイプ

サバクコノハズク

フクロウ目 Order STRIGIFORMES — **フクロウ科** Family STRIGIDAE — **コノハズク属** Genus *Otus*

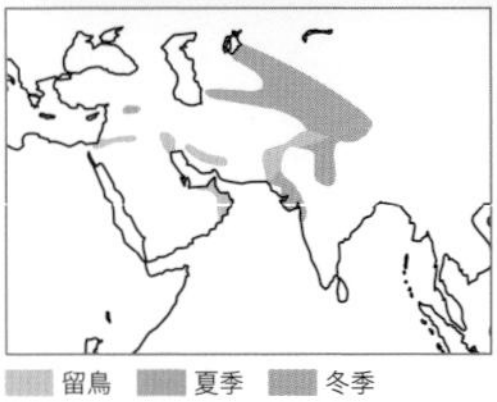

留鳥　夏季　冬季

学　　名：*Otus brucei*
英　　名：Pallid Scops Owl
分　　布：イスラエル、イラク、パキスタン、トルコなどの中東アジア
全　　長：18～21cm　　体　　重：100～110g
翼　　長：14.5～17cm　　翼 開 長：56～64cm
生息環境：落葉樹林から乾燥した岩の多い渓谷の低木林など
食　　性：主に昆虫のほか、小型の鳥類、哺乳類、爬虫類など

薄い黄色の虹彩に、全体的に粉をふいたような灰色の羽色をしています。ヨーロッパコノハズク（*Otus scops*）と同時期にWCの雛が流通することが多く、よく混同されます。WCの雛で導入しても、立ち上げさえ間違えなければよく馴れてくれます。屋内でのケージ飼育でも十分に繁殖が狙えるので、挑戦してみるのもおもしろいでしょう。昆虫食傾向が強く、普段の餌のレパートリーに、コオロギなどを与えるとよく食べます。

ヨーロッパコノハズク

フクロウ目	フクロウ科	コノハズク属
Order STRIGIFORMES	Family STRIGIDAE	Genus *Otus*

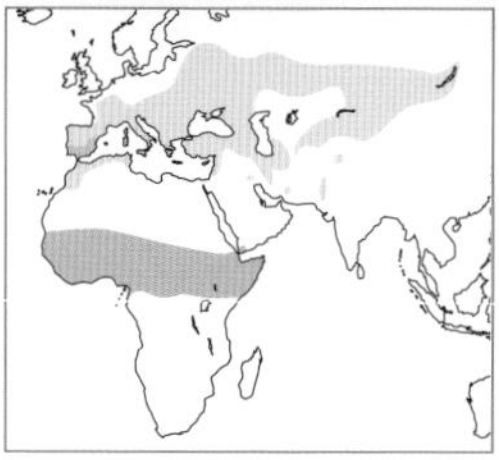

留鳥　夏季　冬季

学　　名：*Otus scops*
英　　名：Eurasian Scops Owl（Common Scops Owl）
分　　布：フランス、イタリア、イラク、カザフスタンなどのユーラシア大陸に点在（※サハラ砂漠以南の中央アフリカへは冬に渡ります）
全　　長：16 ～ 20cm　　体　　重：60 ～ 135g
翼　　長：14.5 ～ 16.8cm　　翼 開 長：53 ～ 64cm
生息環境：木々の点在する開けた場所から林まで。人里の近くでも見られます
食　　性：主に甲虫や蛾、イモムシなどの昆虫類に、ヤモリやカエルなどの爬虫類、両生類など

よく混同されるサバクコノハズク（*Otus brucei*）に似ていますが、本種のほうがやや小さく、羽色は全体的に茶色がかっており、濃淡の斑が目立ちます。虹彩は黄色。昆虫食傾向が強いものの、餌昆虫を給餌のメインにするのは現実的ではないので、補助食としてコオロギなどを用意するといいでしょう。

アメリカオオコノハズク（ニシアメリカオオコノハズク）

フクロウ目 Order STRIGIFORMES — **フクロウ科** Family STRIGIDAE — ***Megascops* 属** Genus *Megascops*

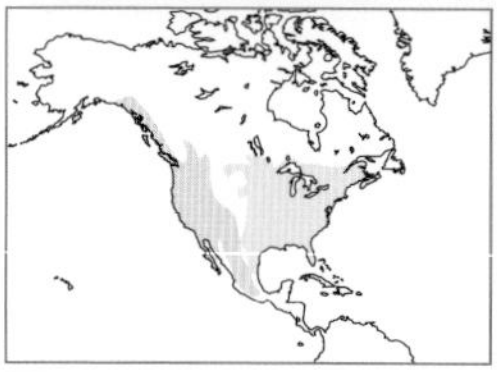

ニシアメリカオオコノハズク
ヒガシアメリカオオコノハズク

学　　名：*Megascops kennicottii*
英　　名：Western Screech Owl
分　　布：アラスカからメキシコまで北アメリカ西部
全　　長：21 ～ 24cm　　体　　重：131 ～ 250g
翼　　長：14.2 ～ 19cm　　翼 開 長：（50cm）
生息環境：川岸の森林からやや開けた場所、サボテンのある砂漠地帯、人の生活圏まで
食　　性：昆虫類を主とした節足動物、小型の哺乳類、鳥類、爬虫類など

虹彩は黄色で、羽色は茶褐色の濃淡の保護色をしています。気難しい個体も見られますが、総じて馴れやすく飼いやすいフクロウです。北アメリカの東西で、やや小型のEastern Screech Owl(*Megascops asio*)とWestern Screech Owl(*Megascops kennicottii*)とで、別種として分類されていますが、共に亜種・モルフが多岐に渡り、国内での流通名も混乱している状況です。本書では、区別なく「アメリカオオコノハズク」としました。写真はニシアメリカオオコノハズクとして輸入された個体です。

幼鳥

若い個体

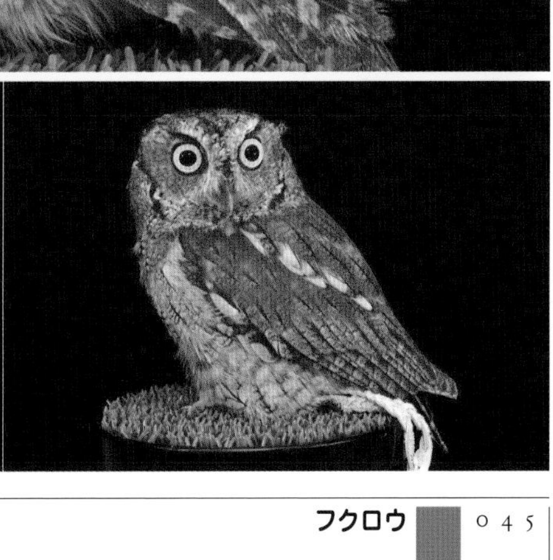

スピックスコノハズク

フクロウ目 Order STRIGIFORMES — **フクロウ科** Family STRIGIDAE — ***Megascops* 属** Genus *Megascops*

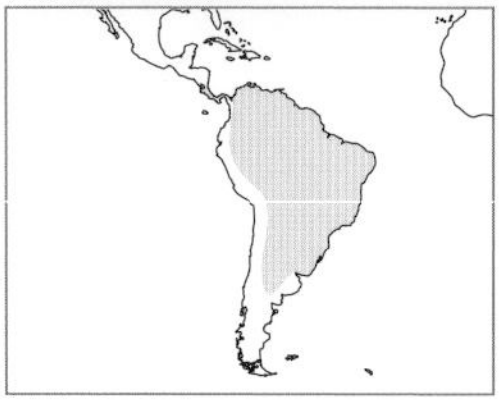

学　　名：*Megascops choliba*
英　　名：Tropical Screech Owl
分　　布：コスタリカからアルゼンチン北西部にかけて
全　　長：20 ～ 24cm　　**体　　重**：90 ～ 160g
翼　　長：15.4 ～ 18.2cm　　**翼 開 長**：（50 ～ 55cm）
生息環境：開けた潅木地帯や熱帯雨林、人里近くでも見られます
食　　性：主に昆虫類やクモ類、小型の脊椎動物まで

虹彩は黄色で、羽色は灰色がかった薄茶色に、胸に細い縦斑が入るのが特徴。国内でも飼育下での繁殖例が多い種類で、比較的飼いやすいとされています。屋内のケージなどで完結した飼育下繁殖を試みる際は、昆虫食傾向が強いことを考慮したり、日照がケージ内に入る工夫をしてみるとよいでしょう。

オレンジアイ

オレンジアイ

若い個体

アフリカオオコノハズク（ミナミアフリカオオコノハズク）

フクロウ目 Order STRIGIFORMES —— **フクロウ科** Family STRIGIDAE —— **アフリカオオコノハズク属** Genus *Ptilopsis*

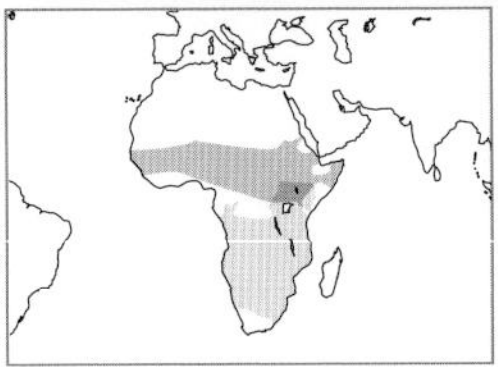

学　　名：*Ptilopsis granti*
英　　名：Southern White-faced Owl
分　　布：ガボンから南ウガンダ、南西ケニア、ナミビア、南アフリカなど
全　　長：20 ～ 24cm　**体　　重**：125 ～ 275g
翼　　長：19.1 ～ 20.6cm　**翼 開 長**：50cm
生息環境：乾燥した森林や潅木地帯、人の生活圏近くまで
食　　性：大きなサイズまでの昆虫類や、クモ、サソリなどの節足動物、小型の鳥類、爬虫類、哺乳類など

虹彩は赤みの強いオレンジ色で、顔盤は白く、黒い縁取りが入ります。羽色は全体的に黒い縦斑をあしらった灰色をしています。TVなどの出演から人気の高い種類です。荒い一面もありますが、好奇心旺盛で、コンパニオンバードとして楽しめるでしょう。セネガル、ソマリアなどアフリカ北部に分布するキタアフリカオオコノハズク（*Ptilopsis leucotis*）は別種として分類されており、ミナミアフリカオオコノハズクと比べ、やや薄茶色がかった配色とされています。ヨーロッパより輸入されてくる繁殖個体のほとんどは、ミナミアフリカオオコノハズクと思われますが、過去の流通経緯などから、国内繁殖での種親には疑問が残るところです。交雑の可能性も含め、本書では区別なくアフリカオオコノハズクとしました。

雄

雌

やや育った雛

警戒して細くなっているところ

イギリスCB。
「シルバータイプ」との流通名も

キタアフリカオオコノハズクの
生息地で撮影された現地画像

アフリカオオコノハズク（ミナミアフリカオオコノハズク）

虹彩の赤い個体

虹彩の赤が際立つ個体。
羽色などから交雑個体だと予想される

シロフクロウ

フクロウ目 Order STRIGIFORMES ―― **フクロウ科** Family STRIGIDAE ―― **ワシミミズク属** Genus *Bubo*

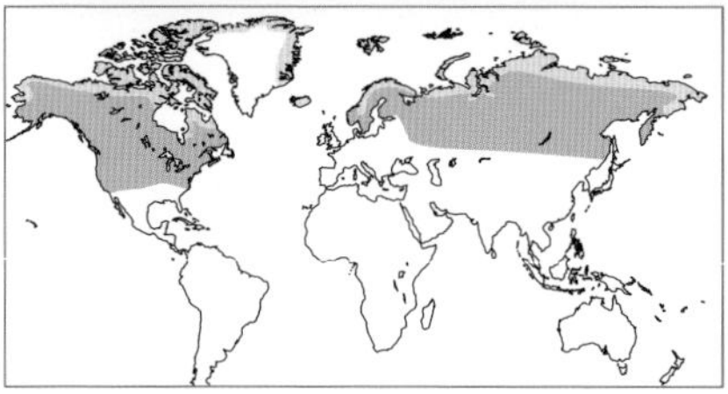

夏季　冬季

学　名	*Bubo scandiacus (Nyctea scandiaca)*
英　名	Snowy Owl
分　布	ロシア、グリーンランドなど北極圏に広く分布
全　長	55 ～ 70cm
体　重	700 ～ 2950g
翼　長	38.4 ～ 46.2cm
翼開長	142 ～ 166cm
生息環境	苔や地衣類の生えたツンドラ地帯。周辺の見渡せる小高い丘を好んで生息
食　性	小型の哺乳類を中心に鳥類のほか、カエルや魚、大きな昆虫類まで

雄の成鳥はほぼ白一色の羽色になるのに対し、雌は黒から灰色の斑点が縞状に入り、フクロウの仲間では珍しく外観から雌雄を判別することができます。北極圏での白はそのまま保護色となり、白夜もあることから日中にも活動することが知られています。羽根はやや硬く、飛翔能力の高さが伺えます。体を覆う羽毛も固く閉ざされており、イメージと違いフワフワ感は少ないです。屋外での飼育では、夏の暑さ対策を万全にしましょう。

雄

雄

雌

若いオス

若いオス

アメリカワシミミズク

フクロウ目 Order STRIGIFORMES ― フクロウ科 Family STRIGIDAE ― ワシミミズク属 Genus *Bubo*

学　　名：*Bubo virginianus*
英　　名：Great Horned Owl
分　　布：アラスカからカナダ、中央アメリカ、南アメリカ
全　　長：51 ～ 60cm　　体　　重：♂ 680 ～ 1450g、♀ 1000 ～ 2500g
翼　　長：29.7 ～ 39cm　　翼 開 長：91 ～ 152cm
生息環境：湿地を含む開けた森林から岩の多い潅木地帯まで亜種によりさまざま。人里近くでも見られます
食　　性：アナウサギまでのサイズの哺乳類のほか、鳥類、爬虫類、カエル、昆虫など

新大陸の南北に渡り広域に分布し、ゆえに亜種が多く外観もさまざまです。国内でも亜種同定までは難しいものの、何タイプかが流通しています。

白みの強いタイプのアメリカワシミミズク。
“ホワイト・タイガー”の流通名で珍重されています

ユーラシアワシミミズク（ワシミミズク）

フクロウ目 Order STRIGIFORMES ― フクロウ科 Family STRIGIDAE ― ワシミミズク属 Genus *Bubo*

ユーラシアワシミミズク

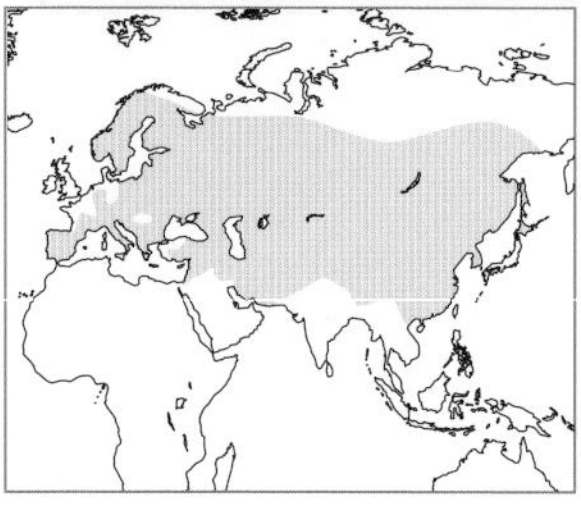

学　　名：*Bubo bubo*
英　　名：Eurasian Eagle Owl
分　　布：ユーラシア大陸に広く分布
全　　長：60 ～ 75cm
体　　重：♂ 1500 ～ 2800g、♀ 1750 ～最大 4200g
翼　　長：40.5 ～ 51.5cm　**翼 開 長**：160 ～ 188cm
生息環境：開けた森林や山岳地、人の生活圏まで
食　　性：ノウサギまでのサイズの哺乳類を中心に、鳥類、爬虫類、カエル、コウモリなど

飼育可能なフクロウの中では最大級を誇る大型種。取り扱う際は、強い握力のほか嘴もかなりの脅威となるので、十分な注意が必要です。革を3枚重ねにしたワシ用など、肘まである頑丈なグローブを用いたほうがよいでしょう。羽ばたきも強いので、拳に乗せる際は取り回しに気をつけます。虹彩はオレンジ色で、羽色は茶色の濃淡模様をしています。分布が広く、さまざまな亜種が知られていて、北方に行くほど大型かつ白い色彩になるとされ、特にシベリア、ウラルに分布するシベリアワシミミズク(*B. b. sibiricus*)は人気が高いようです。

ユーラシアワシミミズク

シベリアワシミミズク（*B. b. sibiricus*）として輸入された個体。全体的に白っぽく淡い色合い

シベリアワシミミズク

ワシミミズクとして輸入された個体

雛

ベンガルワシミミズク

フクロウ目 Order STRIGIFORMES — フクロウ科 Family STRIGIDAE — ワシミミズク属 Genus *Bubo*

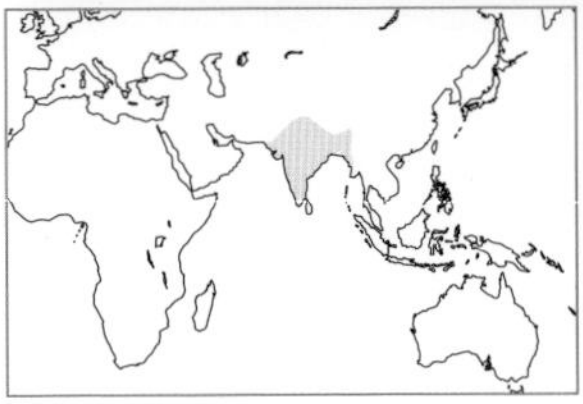

学　名：*Bubo bengalensis*
英　名：Indian Eagle Owl（Rock Eagle Owl）
分　布：パキスタン、インド、ネパールなど
全　長：50 ～ 56cm　体　重：1100 ～ 2000g
翼　長：35.8 ～ 43.3cm　翼開長：（110 ～ 130cm）
生息環境：岩の多い半砂漠地帯から林まで。人里近くでも見られます
食　性：齧歯類を主に、鳥類、爬虫類、カエル、カニ、大型の昆虫まで

オレンジ色の虹彩に、羽色は薄茶色に焦げ茶の斑が濃く入ります。ワシミミズクの存在感をそのままに、中型で取り回しやすく、コンパニオンバードとしても人気が高い種類です。英名を直訳するとイワワシミミズクになりますが、別種の標準和名となっているため、混乱を避けるためにも学名由来のベンガルワシミミズクの呼称を推奨します。

ファラオワシミミズク（サバクワシミミズク）

フクロウ目 Order STRIGIFORMES ―― フクロウ科 Family STRIGIDAE ―― ワシミミズク属 Genus *Bubo*

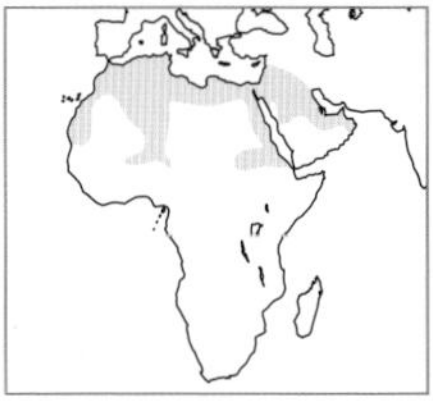

学　名：*Bubo ascalaphus*
英　名：Pharaoh Eagle Owl
分　布：北西アフリカからアラビア半島にかけて
全　長：46～50cm　　体　重：1900～2300g
翼　長：32.4～43cm　　翼開長：100～120cm
生息環境：砂漠から半砂漠地帯の岩棚から乾燥した潅木地帯まで
食　性：哺乳類、鳥類、爬虫類、サソリや大型の昆虫など

他のワシミミズクと比較すると、短い羽角をしています。クリームがかった薄い茶色の濃淡で、虹彩はオレンジ色。中型のかわいらしいワシミミズクで扱いやすいですが、流通量は少ないようです。

ケープワシミミズク

フクロウ目 Order STRIGIFORMES ― **フクロウ科** Family STRIGIDAE ― **ワシミミズク属** Genus *Bubo*

亜種マッキンダーワシミミズクの雛

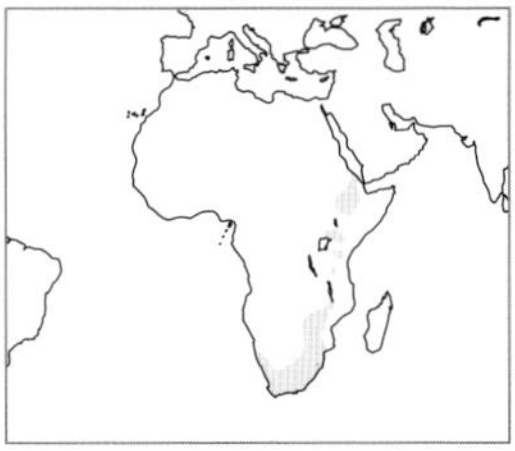

学　名：*Bubo capensis*
英　名：Cape Eagle Owl
分　布：アフリカ南部、アフリカ東部に点在
全　長：46 ～ 61cm　**体　重**：905 ～ 1800g
翼　長：33 ～ 42.8cm　**翼開長**：120 ～ 125cm
生息環境：標高のある山岳地帯や渓谷
食　性：トガリネズミからノウサギまでの哺乳類を中心に、さまざまなサイズの鳥類、爬虫類、カエル、サソリ、カニから大型の昆虫まで

オレンジ色から濃い黄色の虹彩に、羽色は茶色の濃淡、翼には白い大きなドットが目立ちます。他のワシミミズクと比べると、脚の比率がやや大きく感じます。

ケニアやモザンビークに分布する亜種マッキンダーワシミミズク（*Bubo capensis mackinderi*）は、オレンジ色の虹彩に、羽色は赤みがかった茶色で、濃淡はぼやけた印象を受けます。マッキンダーワシミミズクを別種とする分類もあり（*Bubo mackinderi*）、流通には混乱が見られています。標準和名であるイワワシミミズクは、ベンガルワシミミズクとの混同を防ぐために、本書ではケープワシミミズクを採用しました。写真は海外より輸入された亜種マッキンダーワシミミズクと思われます。

アフリカワシミミズク

フクロウ目 Order STRIGIFORMES — **フクロウ科** Family STRIGIDAE — **ワシミミズク属** Genus *Bubo*

グレーモルフ（grey morph）

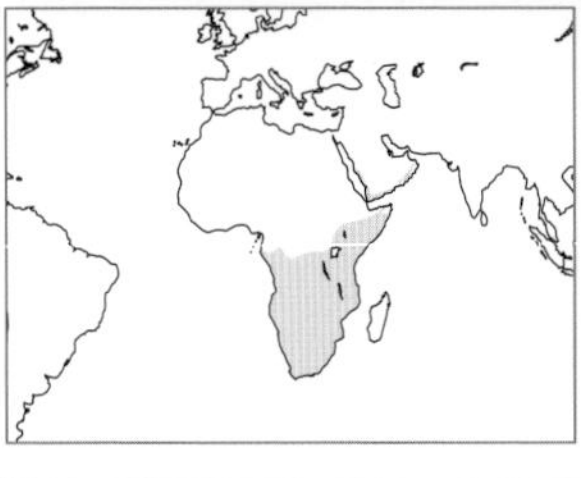

学　　名：*Bubo africanus*
英　　名：Spotted Eagle Owl
分　　布：赤道以南のアフリカ、アラビア半島の一部
全　　長：40 ～ 45cm　**体　　重**：♂ 490 ～ 620g、♀ 640 ～ 850g
翼　　長：32.3 ～ 36cm　**翼 開 長**：100 ～ 113cm
生息環境：やや開けた森林。深い熱帯雨林は避ける傾向にあります
食　　性：全体の半分以上を占めるのは節足動物や昆虫類。他に、哺乳類、鳥類、爬虫類、カエルなど

小型のワシミミズクで、フライト訓練も素直に入り、飼育しやすい種類です。黄色の虹彩に、胸面の羽毛は横斑地に濃くスポット状の斑が入ります。灰色を基調としたモルフと、茶褐色のモルフの流通が見られます。近似種のケープワシミミズク(*Bubo capensis*)は、虹彩がオレンジ色から濃い黄色なので区別ができます。

グレーモルフ（grey morph）

グレーモルフ
(grey morph)

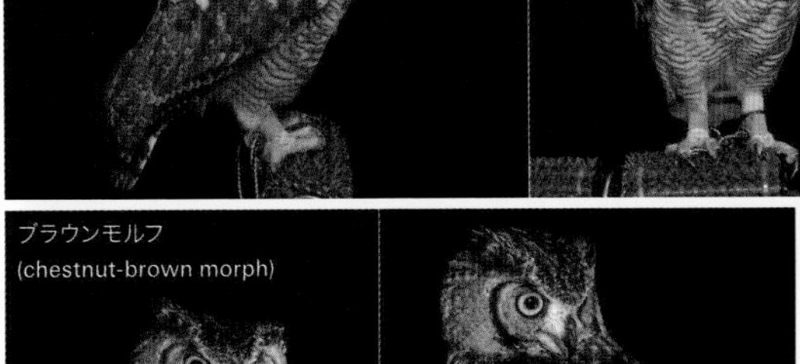
ブラウンモルフ
(chestnut-brown morph)

グレーモルフ。
本種の虹彩は黄色

アビシニアワシミミズク（ハイイロワシミミズク）

フクロウ目 Order STRIGIFORMES ―― **フクロウ科** Family STRIGIDAE ―― **ワシミミズク属** Genus *Bubo*

学　名	*Bubo cinerascens*
英　名	Greyish Eagle Owl
分　布	セネガルからエチオピア、ケニアにかけて赤道以北の中央アフリカ
全　長	43cm　　体　重：500g
翼　長	28.4 ～ 33.8cm　　翼開長：90 ～ 100cm
生息環境	やや開けた草原地帯から人里近くまで。深い熱帯雨林を避ける傾向にあります
食　性	大型の昆虫類から鳥類、哺乳類まで

灰色のモルフのアフリカワシミミズク（*Bubo africanus*）に羽色は似ますが、本種のほうがやや小さく、虹彩は濃い茶色で、ピンク色の目縁が入り、印象が異なります。神経質な一面を持っていますが、小型でおとなしく、扱いやすい種類です。

ネパールワシミミズク

フクロウ目 Order STRIGIFORMES ― フクロウ科 Family STRIGIDAE ― ワシミミズク属 Genus *Bubo*

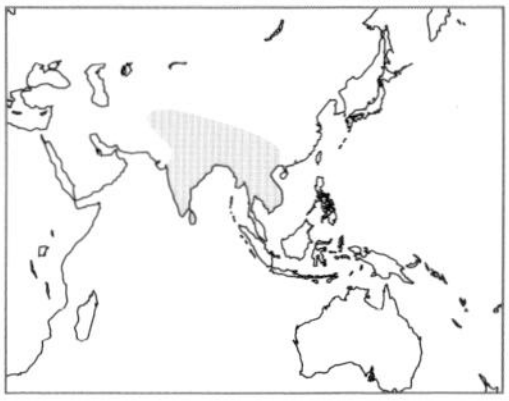

学　名	*Bubo nipalensis*
英　名	Spot-bellied Eagle Owl（Forest Eagle Owl）
分　布	インド、スリランカ、ヒマラヤから東南アジア
全　長	51 ～ 64cm
体　重	1300 ～ 1500g
翼　長	37 ～ 47cm
翼開長	（110 ～ 130cm）
生息環境	密集した原生林
食　性	大型鳥類や哺乳類を主に、ヘビやトカゲなどの爬虫類

真横に太く伸びる羽角を持ち、湿潤な森林に生息しています。暗色の虹彩に、バランス的に大きな嘴、脚を持っています。近縁のマレーワシミミズク（*Bubo sumatranus*）とよく似ていますが、本種のほうがひとまわり大きく、胸面には白地に大きな楔型のスポットが入ることで区別できます。

マレーワシミミズク

フクロウ目 Order STRIGIFORMES ― **フクロウ科** Family STRIGIDAE ― **ワシミミズク属** Genus *Bubo*

写真提供:掛川花鳥園

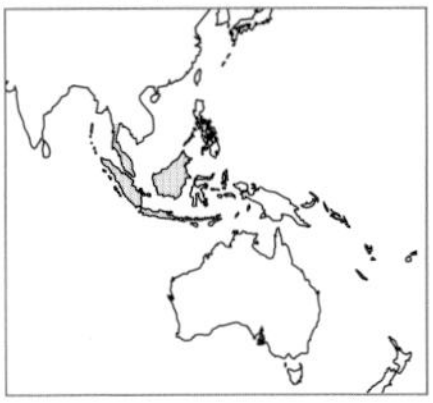

学　名：*Bubo sumatranus*
英　名：Barred Eagle Owl
分　布：マレー半島、ジャワ、ボルネオなど
全　長：40 ～ 46cm　体　重：620 ～ 1600g
翼　長：32.3 ～ 41.7cm　翼開長：（100 ～ 120cm）
生息環境：水辺近くの常緑の森林
食　性：小型哺乳類から鳥類、ヘビ、魚、大型の昆虫など

横に長く伸びる羽角と、黒目がちの目が特徴の熱帯雨林に生息するワシミミズクです。近縁のネパールワシミミズク（*Bubo nipalensis*）よりやや小さく、白地の胸面にスポットは入らず、細かな横斑が入ることで区別できます。国内での繁殖例も報告されており、若鳥は羽色は白くかわいらしい姿をしています。

若鳥の間は
真っ白な羽色

クロワシミミズク（ミルキーワシミミズク）

フクロウ目 Order STRIGIFORMES ― フクロウ科 Family STRIGIDAE ― ワシミミズク属 Genus *Bubo*

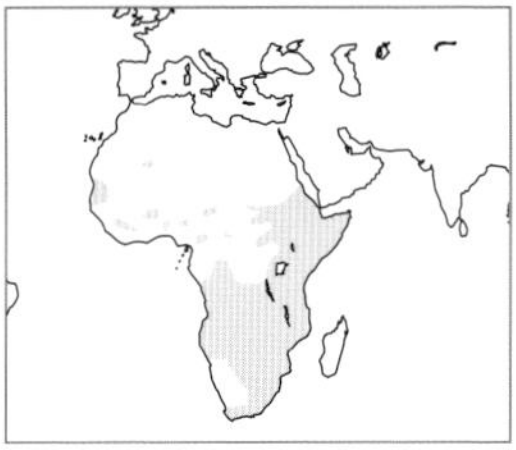

学　　名	*Bubo lacteus*
英　　名	Verreaux's Eagle Owl（Milky Eagle Owl）
分　　布	アフリカ大陸のサハラより南に広く分布
全　　長	60 ～ 65cm　　体　　重：♂ 1615 ～ 1960g、♀ 2475 ～ 3115g
翼　　長	42 ～ 49cm　　翼 開 長：140 ～ 164cm
生息環境	木々のある草原から川沿いの森林
食　　性	中型の哺乳類から大型の鳥類のほか、爬虫類、カエル、魚類、節足動物など

羽色は全体的に灰色の濃淡、顔盤は薄い灰色で黒い縁取りが入ります。虹彩は濃い茶色で、上瞼はピンク色の皮膚が露出しアイシャドウのように目立ちます。アフリカ最大のワシミミズクで、大きな嘴と脚を持ちますが、飼育下ではわりとのんびりとした性格で扱いやすい種類です。

マレーウオミミズク

フクロウ目 Order STRIGIFORMES — **フクロウ科** Family STRIGIDAE — **ウオミミズク属** Genus *Ketupa*

学　名：*Ketupa ketupu(Bubo ketupu)*
英　名：Buffy Fish Owl（Malay Fish Owl）
分　布：東南アジアからジャワ、ボルネオなど
全　長：38 ~ 44cm　体　重：1028 ~ 2100g
翼　長：29.5 ~ 39cm　翼開長：（90 ~ 110cm）
生息環境：マングローブ林や水辺近くの林
食　性：魚類を主として、齧歯類やコウモリ、鳥類、甲殻類、爬虫類、カエル、昆虫など

横に伸びる羽角と、黄色の光彩が特徴的で、おっとりとした性格をしています。魚も捕えることからこの名があり、水濡れを防ぐため、ふ蹠から趾にかけての羽毛は少なく、脚の裏は魚が滑らないようにザラザラしています。魚のみを専食しているわけではないので、飼育下では無理に魚を与える必要はないでしょう。

タテジマウオクイフクロウ

フクロウ目 Order STRIGIFORMES ── フクロウ科 Family STRIGIDAE ── ウオクイフクロウ属 Genus *Scotopelia*

幼鳥

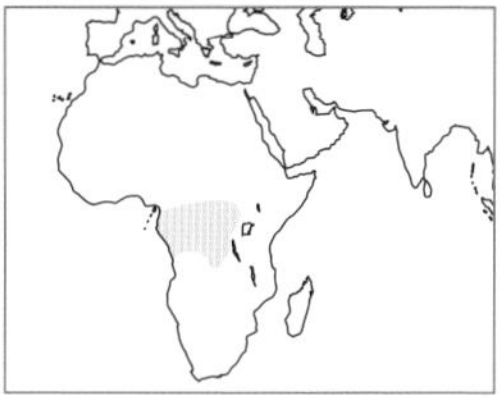

学　　名：*Scotopelia bouvieri*
英　　名：Vermiculated Fishing Owl
分　　布：ナイジェリア、コンゴ、アンゴラなど、中央アフリカ西部
全　　長：46 ~ 51cm　体　　重：700 ~ 900g
翼　　長：30.2 ~ 33cm　翼開長：(80 ~ 90cm)
生息環境：川沿いや湖畔のガレリア林
食　　性：魚類、カニ、カエル、小型の鳥類や哺乳類など

丸い頭部に、黒目がちの愛くるしいフクロウ。水辺の生き物を捕らえるのに適しており、脚は長くふ蹠から趾にかけての羽毛は少なくなっています。飼育下では無理に魚を与えなくてもよいでしょう。ウオクイフクロウ属は3種知られていますが、本種は胸前面に白地に濃い茶色の縦縞が入ることで他種と区別できます。少ないながらもヨーロッパからの繁殖個体が流通しており、特に雛の時期のかわいさから人気が高い種類です。

成鳥

オオフクロウ

フクロウ目	フクロウ科	フクロウ属
Order STRIGIFORMES	Family STRIGIDAE	Genus *Strix*

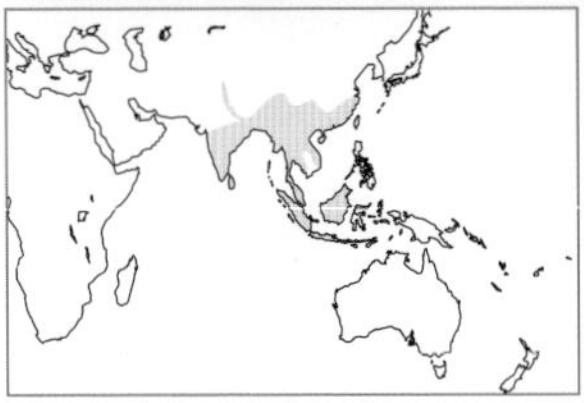

学　　名：*Strix leptogrammica*
英　　名：Brown Wood Owl
分　　布：インド南部、中国南東部、マレー半島、スマトラなど広く分布
全　　長：40 ～ 55cm　　体　　重：500 ～ 1100g
翼　　長：28.6 ～ 40cm　　翼開長：（100 ～ 120cm）
生息環境：海岸沿いの密な熱帯雨林
食　　性：齧歯類を主として、鳥類、魚類、爬虫類など

頭部·背面は焦茶色で、胸面は薄茶色に細かな横斑が入ります。薄い茶色の顔盤に目の周辺は焦茶色にぼかしが入り、タヌキ顔の印象を受けます。湿潤な森林棲のためか、羽毛は柔らかみが少なく、脂っぽい質感を持っています。飼育下では羽毛がパサパサに傷む傾向にあるので、体が入れる水入れなどを常設し、手入れをさせてあげるとよいでしょう。

幼鳥

成鳥

モリフクロウ

フクロウ目 Order STRIGIFORMES — **フクロウ科** Family STRIGIDAE — **フクロウ属** Genus *Strix*

ブラウンモルフ

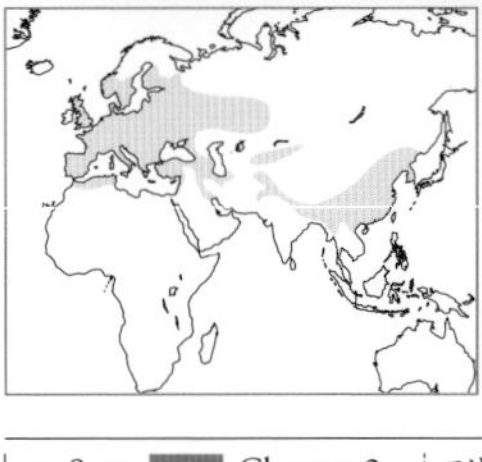

学　　名：*Strix aluco*
英　　名：Tawny Owl
分　　布：ヨーロッパ、北西アフリカ、※ユーラシア大陸西部（ヒマラヤモリフクロウ）
全　　長：36 ～ 45cm　**体　　重**：400 ～ 600g（平均♂ 440g、♀ 553g）
翼　　長：24.8 ～ 32.3cm　**翼 開 長**：94 ～ 104cm
生息環境：広葉樹、針葉樹の混交林。人の生活圏でも見ることができます
食　　性：小型の哺乳類、鳥類、爬虫類、カエル、魚類、昆虫など多岐に渡ります

一般的にイメージする代表的なフクロウ像をしており、手頃なサイズもあって非常に人気の高い種類です。薄茶色ベースのモルフと、灰色ベースのモルフとが流通しています。性格もおっとりとしており、飼育はフクロウの魅力を十分に楽しめますが、繁殖期などの特定の条件下では、攻撃されると十分に脅威になる大きさのフクロウであることを留意しておきましょう。

ブラウンモルフ

ブラウンモルフ

個体によって色調には
幅が見られます

グレーモルフ

何らかの色素が減退したと思われる表現のモリフクロウ。
繁殖下では、このような変異がごく稀に現れます

ブラジルモリフクロウ

フクロウ目 Order STRIGIFORMES ―― フクロウ科 Family STRIGIDAE ―― フクロウ属 Genus *Strix*

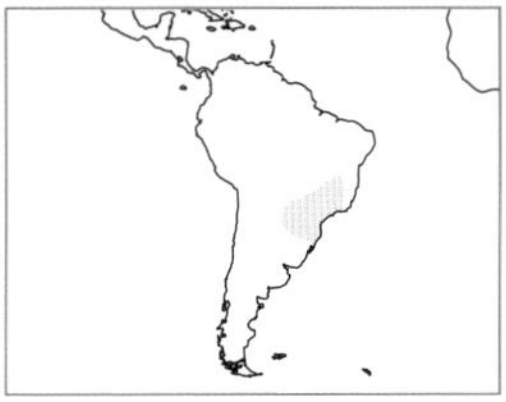

学　　名：*Strix hylophila*
英　　名：Rusty-barred Owl
分　　布：ブラジル、パラグアイ、アルゼンチンなど
全　　長：35 ～ 37cm　　体　　重：285 ～ 400g
翼　　長：28cm　　翼 開 長：(80 ～ 90cm)
生息環境：下草の多い二次林
食　　性：小型の哺乳類、鳥類、爬虫類、昆虫類、両生類

薄茶色と白を基調とし、背面·翼に焦茶の虎柄のような斑模様が入ります。ヨーロッパよりごく少数の繁殖個体が輸入されますが、まだまだ流通量は少ないです。性格ものんびりしており、フライト訓練も十分に楽しめるでしょう。

チャコモリフクロウ

フクロウ目 Order STRIGIFORMES ― **フクロウ科** Family STRIGIDAE ― **フクロウ属** Genus *Strix*

学　　名：*Strix chacoensis*
英　　名：Chaco Owl
分　　布：ボリビア、パラグアイ、アルゼンチンなど
全　　長：35 ～ 40cm　　**体　　重**：360 ～ 500g
翼　　長：25.1 ～ 29.1cm　　**翼 開 長**：(80 ～ 90cm)
生息環境：やや開けた場所の乾いた低木地帯
食　　性：小型の哺乳類、鳥類、昆虫など

近似種のアカアシモリフクロウ(*Strix rufipes*)として国内では流通していましたが、尾羽根が長く、顔盤が赤く色づかないことなどから、本書ではチャコモリフクロウを採用しました。のんびりした性格で非常に飼いやすく、フライト訓練もよく入ります。国内でも繁殖されており、流通は多い種類です。

若い個体

幼鳥

ウラルフクロウ（フクロウ）

フクロウ目 Order STRIGIFORMES ―― **フクロウ科** Family STRIGIDAE ―― **フクロウ属** Genus *Strix*

学　　名：*Strix uralensis*
英　　名：Ural Owl
分　　布：北ヨーロッパから朝鮮半島、日本までのユーラシア中央部に広く分布
全　　長：50 ～ 62cm　　**体　　重**：♂ 500 ～ 900g、♀ 570 ～ 1300g
翼　　長：26.7 ～ 40cm　　**翼 開 長**：124 ～ 134cm
生息環境：開けた場所や沼地と隣接する針葉樹林、混交林
食　　性：ハタネズミを６～９割主食とし、他に哺乳類、鳥類、カエル、トカゲ、昆虫など

日本ではフクロウとの和名で呼ばれますが、混乱を防ぐために本書ではウラルフクロウとしました。現在流通するのは基亜種であると思われ、日本に分布する亜種とは体の大きさや、爪の色で判別することができます。モリフクロウ（*Strix aluco*）と混同されることも多いですが、顔盤がより発達し、本種のほうがひとまわり大きいことで判別できます。尾羽根が比較的長く、また、羽毛は柔らかいため、係留飼育する場合は気を遣ってあげましょう。

カラフトフクロウ

フクロウ目 Order STRIGIFORMES — **フクロウ科** Family STRIGIDAE — **フクロウ属** Genus *Strix*

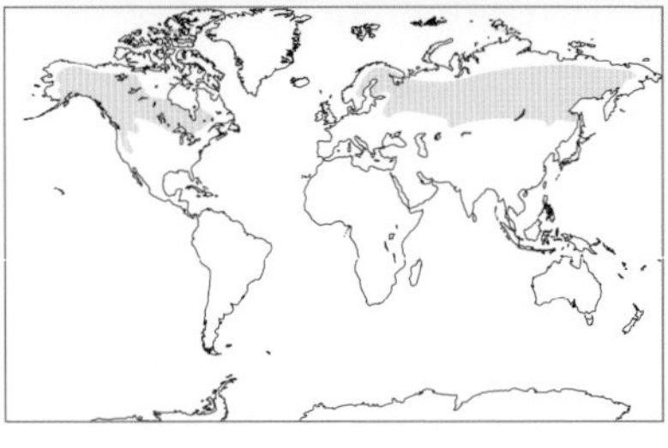

学　名：*Strix nebulosa*
英　名：Great Grey Owl
分　布：スカンジナビア半島からシベリア、アラスカ、カナダ、アメリカ北西部
全　長：59 ～ 69cm
体　重：♂ 800 ～ 1175g、♀ 925 ～ 1700g
翼　長：38.7 ～ 48.3cm　翼開長：140 ～ 150cm
生息環境：開けた場所や湿地帯を近くに持つ針葉樹林、混交林
食　性：齧歯類を主とした脊椎動物中心

非常に発達した顔盤を持ち、密集した羽毛と長い尾羽根で、実際のサイズよりかなり大きな印象を受けます。羽色は全体的に灰色の縦斑に、顔盤はバームクーヘンのような模様が入ります。虹彩は薄黄色。羽根は細く柔らかいので折れやすく、係留の際は注意してあげましょう。また、暑さには弱いので、夏季は涼しい場所もしくは空調管理の屋内で管理してあげるとよいでしょう。

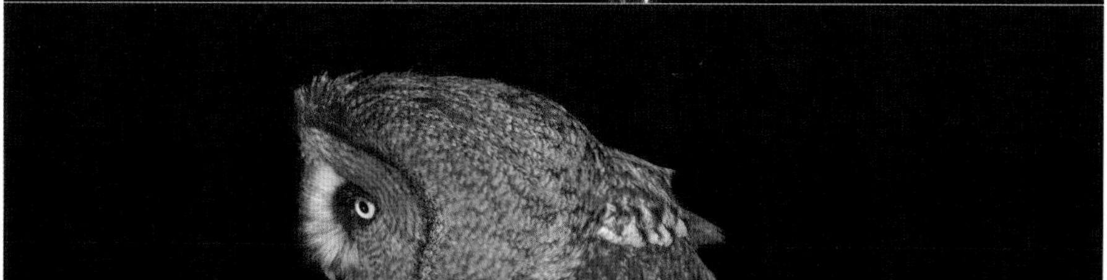

アフリカヒナフクロウ

フクロウ目 Order STRIGIFORMES — フクロウ科 Family STRIGIDAE — フクロウ属 Genus *Strix*

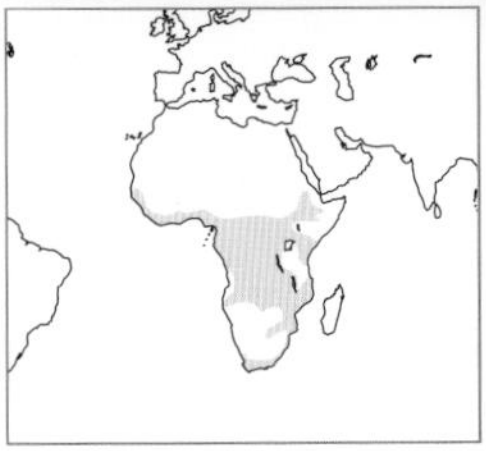

学　　名：*Strix woodfordii*
英　　名：African Wood Owl
分　　布：スーダン、エチオピアなど、サハラ砂漠以南のアフリカ中央部から東海岸沿いの南アフリカまで
全　　長：30 ～ 36cm　　体　　重：240 ～ 350g
翼　　長：22.2 ～ 27.3cm　　翼 開 長：80cm
生息環境：原生林や濃い樹林
食　　性：大型の昆虫類を主として、カエル、爬虫類、小型の鳥類、哺乳類など

ずんぐりと丸く、濃い茶色の虹彩、目の周りも濃い茶色の羽毛で覆われています。茶色を基調とした羽色ですが、胸面は白地にオレンジがかった横斑が入ります。かつては大量のWCが出回りましたが、現在ではその末裔による国内での繁殖個体が細々と流通する程度です。産卵数は1〜2卵と、計画繁殖の道のりは険しいものの、本種の雛は薄オレンジ色の横斑が入り、非常に愛くるしい姿をしています。

ナンベイヒナフクロウ

フクロウ目 Order STRIGIFORMES — **フクロウ科** Family STRIGIDAE — **フクロウ属** Genus *Strix*

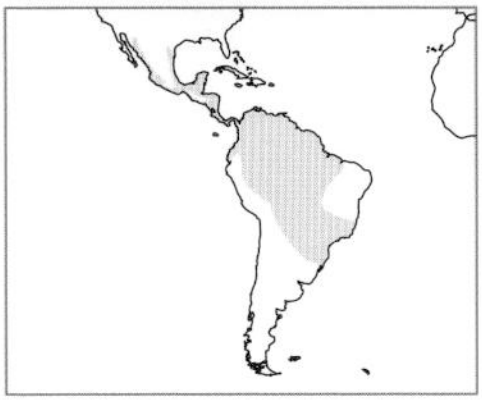

学　　名：*Strix virgata*
英　　名：Mottled Owl
分　　布：メキシコ、コロンビア、エクアドル、ベネズエラ、ブラジルなど
全　　長：29 ～ 38cm　**体　　重**：175 ～ 320g
翼　　長：23 ～ 27.4cm　**翼 開 長**：70 ～ 80cm
生息環境：乾いた原生林から二次林まで
食　　性：小型の哺乳類や鳥類の主として、ヘビやカエルなど

羽色は細かな茶色の濃淡の斑が入り、胸面は白地に縦斑が入ります。胸面が茶褐色に染まる亜種も存在しますが、国内での流通は見られません。手頃なサイズと、やや攻撃的な一面を感じるものの、活発的で飼育は楽しめるでしょう。雛は密集した薄茶色の綿毛に覆われ、非常にかわいらしいです。

若い個体

雛

クロオビヒナフクロウ

フクロウ目 Order STRIGIFORMES ― フクロウ科 Family STRIGIDAE ― フクロウ属 Genus *Strix*

学　　名：*Strix huhula*
英　　名：Black-banded Owl
分　　布：コロンビア、ベネズエラ、ペルー、アルゼンチン、ブラジルなど
全　　長：31 ～ 36cm　　体　　重：300 ～ 450g
翼　　長：24.3 ～ 28cm　　翼 開 長：（70 ～ 80cm）
生息環境：熱帯多雨林
食　　性：昆虫類を主として、小型の哺乳類などを捕らえているとされています

嘴は黄色く、羽色は黒と白の細かな横斑がびっしりと入り、茶色や灰色の多いフクロウの仲間では、一風変わった風貌をしています。近縁のシロクロヒナフクロウ(*Strix nigrolineata*)によく似ますが、本種のほうがやや小さく、頭部や翼にも多く斑が入る点と、胸面の黒い横斑が太いことで判別できます。ヨーロッパより繁殖個体がごく少数輸入されてきています。性格はおとなしく、馴れやすい種類です。

メガネフクロウ

フクロウ目 Order STRIGIFORMES — フクロウ科 Family STRIGIDAE — メガネフクロウ属 Genus *Pulsatrix*

学　　名：*Pulsatrix perspicillata*
英　　名：Spectacled Owl
分　　布：南メキシコから北アルゼンチンにかけて
全　　長：43 ～ 52cm　**体　　重**：590 ～ 980g
翼　　長：30.5 ～ 36cm　**翼 開 長**：（100 ～ 120cm）
生息環境：熱帯雨林から植林地まで
食　　性：小型の哺乳類、鳥類を中心にカニ、昆虫、クモなど黒い顔盤に、X字に白い眉が入るのが特徴的で、虹彩は黄色く、メガネをかけているようにも見えなくもありません。頭部・顔盤・喉元は黒く、胸面はクリームがかった薄茶色に、背面・翼は焦茶色をしています。非常におっとりとした性格で、飼いやすい種類です。若鳥は黒い顔盤の周りが白い羽毛で覆われ、非常にかわいい姿をしています。

やや育った雛

アカオビメガネフクロウ

フクロウ目 Order STRIGIFORMES ―― フクロウ科 Family STRIGIDAE ―― メガネフクロウ属 Genus *Pulsatrix*

学　　名：*Pulsatrix melanota*
英　　名：Band-bellied Owl
分　　布：コロンビアからボリビアにかけて
全　　長：44 ～ 48cm　**体　　重**：420 ～ 500g
翼　　長：27.5 ～ 32.5cm　**翼 開 長**：(100cm)
生息環境：多湿で木々の濃い山林
食　　性：知られていません

黒い頭部・顔盤に、X字に白い眉が入り、メガネフクロウよりも小型の種類です。虹彩は濃い茶色で、腹部は薄茶色の横斑が入るので、容易に判別することができます。標高の高い熱帯雨林奥地に生息しているため、まだあまり調査のされていないフクロウです。

オナガフクロウ

フクロウ目 Order STRIGIFORMES —— **フクロウ科** Family STRIGIDAE —— **オナガフクロウ属** Genus *Surnia*

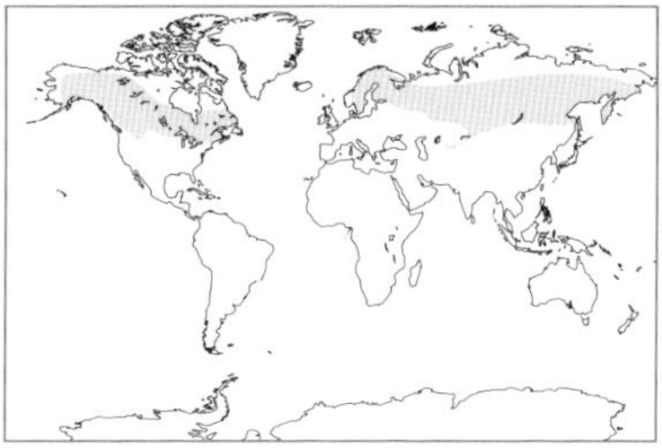

学　　名：*Surnia ulula*
英　　名：Northern Hawk Owl
分　　布：ヨーロッパから中国、モンゴルなどユーラシア北部、北アメリカ
全　　長：36 ～ 39cm　**体　　重**：270 ～ 345g
翼　　長：21.8 ～ 25.8cm　**翼 開 長**：74 ～ 81cm
生息環境：沼地近くの開けた針葉樹林帯、混交林
食　　性：ほぼハタネズミを主食とし、稀にその他の齧歯類、小鳥、カエル、魚、昆虫など

体は全体的にほっそりとして、翼先端は細長く、尾羽が長いのが特徴的です。英名のとおり、羽毛の配色もタカのそれであり、他のフクロウとは一線を画します。フライト訓練の覚えもよく、小鷹のように飛んでおもしろいですが、鷹狩までは難しそうです。

アカスズメフクロウ

フクロウ目 Order STRIGIFORMES — **フクロウ科** Family STRIGIDAE — **スズメフクロウ属** Genus *Glaucidium*

学　　名：*Glaucidium brasilianum*
英　　名：Ferruginous Pygmy Owl
分　　布：アメリカ南部から西海岸部を除くアルゼンチンまでの南アメリカ
全　　長：15 ～ 19cm　　体　　重：46 ～ 90g
翼　　長：9.2 ～ 10.6cm　　翼 開 長：38cm
生息環境：多湿でトゲのある低木を含む原生林から二次林
食　　性：昆虫類を主食とし、小型の鳥類などスズメフクロウ属はユーラシア・アフリカ・南北アメリカと世界中に広く分布し、そのほとんどが100g以下の小型のフクロウで、似た外観をした種類の多いグループです。国内でも何種類かの流通が見られますが、輸入者がその産地を公開しない場合、種の同定は非常に難しいのが現状です。写真はアカスズメフクロウとして流通する個体です。総じて気性は荒く、また、体が小さいので少しのミスが生死に関わることがあります。特に冬季の寒さには屋内で管理し、ケージなどでの観察を主体とした飼育が望ましいと思われます。

東南アジアに生息するオオスズメフクロウ（*Glaucidium cuculoides*）として紹介された個体

コキンメフクロウ

フクロウ目 Order STRIGIFORMES — フクロウ科 Family STRIGIDAE — コキンメフクロウ属 Genus *Athene*

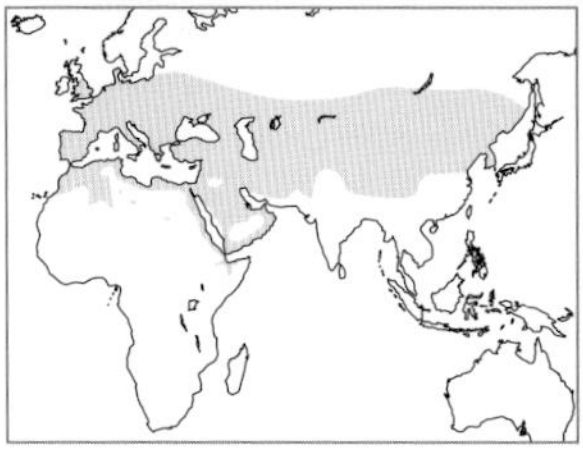

学　　名：*Athene noctua*
英　　名：Little Owl
分　　布：ヨーロッパから中国にかけてと北アフリカ
全　　長：21 ～ 23cm　　体　　重：162 ～ 206g
翼　　長：14.6 ～ 18.1cm　　翼 開 長：54 ～ 58cm
生息環境：開けた草原地帯、岩場、人里近く果樹園など
食　　性：甲虫、バッタなどの昆虫類を主として、小型の爬虫類やカエル、ミミズ、小型の哺乳類、鳥類など

薄茶色の濃淡模様で、虹彩は黄色。胸面は、斑の連続が縦方向に流れるので、近縁の種類との判別になります。WCで輸入される色みの薄いタイプと、ヨーロッパ由来の濃淡が明瞭なタイプとが流通しています。活発で見ていて飽きませんが、攻撃的な一面も持っており、複数羽の同居飼育には注意が必要です。余った餌などを隠す習性もあり、知らない所から残餌が出てくることも。

濃淡の明瞭なタイプ

色みの薄いタイプ

色みの薄いタイプ

たいへん珍しい
アルビノの個体

インドコキンメフクロウ

フクロウ目 Order STRIGIFORMES — フクロウ科 Family STRIGIDAE — コキンメフクロウ属 Genus *Athene*

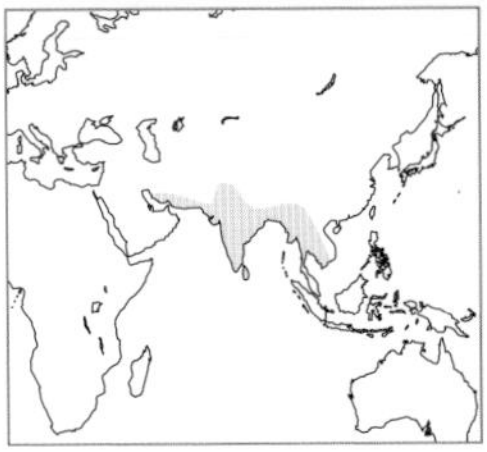

学　　名：*Athene brama*
英　　名：Spotted Owlet（Spotted Little Owl）
分　　布：イランからインド、南西アジアまで
全　　長：19 ～ 21g　　体　　重：110 ～ 120g
翼　　長：13.4 ～ 17.1cm　　翼 開 長：（50cm）
生息環境：開けた森林から半砂漠地帯まで。農地など人里近くでも見られます
食　　性：昆虫類を主食とするほか、ミミズ、トカゲ、小型の齧歯類、小型の鳥類など

羽色はやや灰色がかかった濃淡模様で、英名の由来になる胸面の斑はくさび型にまばらに入ります。顔盤・喉元は白みが強く、虹彩は黄色。近縁のコキンメフクロウ(*Athene noctua*)よりやや小さいです。流通は少ないながらも、目にするようになってきました。

アナホリフクロウ

フクロウ目 Order STRIGIFORMES ― フクロウ科 Family STRIGIDAE ― コキンメフクロウ属 Genus *Athene*

学　　名：*Athene cunicularia*
英　　名：Burrowing Owl
分　　布：北アメリカ西部、中央アメリカ西部、ブラジル、アルゼンチンなど南アメリカに広く分布
全　　長：19 ～ 25cm　　体　　重：130 ～ 250g
翼　　長：14.2 ～ 20cm　　翼 開 長：（55cm）
生息環境：サバンナ地帯、砂漠地帯、草原など。人里近く田園、牧地、農地などでも見られます
食　　性：甲虫など昆虫類、クモ類、サソリ類を主食とし、小型の哺乳類、両生類、爬虫類、小型鳥類など

新大陸に広く分布するコキンメフクロウ属のフクロウです。コキンメフクロウ（*Athene noctua*）と比較すると脚が長く、ふ蹠や趾の羽毛は少ないです。地面を歩き回ることが多く、周囲を見渡すための屈伸運動は見ていておもしろいです。飼育下でも活発に部屋中を歩き回る様子が楽しめますが、踏まないように注意しましょう。プレーリードッグなどの古巣を使うことからアナホリの名前が付いたようですが、自分から穴を掘る行動はあまりしないようです。

キンメフクロウ

フクロウ目 Order STRIGIFORMES — **フクロウ科** Family STRIGIDAE — **キンメフクロウ属** Genus *Aegolius*

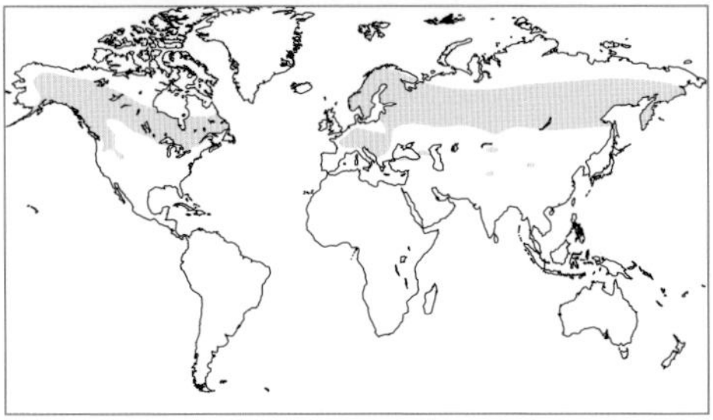

学　　名：*Aegolius funereus*
英　　名：Boreal Owl（Tengmalm's Owl）
分　　布：アラスカ、カナダなどの北アメリカとヨーロッパ、ロシアなどユーラシア
全　　長：21 ～ 28cm　**体　　重**：90 ～ 195g
翼　　長：15.4 ～ 19.2cm　**翼 開 長**：50 ～ 62cm
生息環境：巣穴にできる大きな樹木のある針葉樹林帯
食　　性：ハタネズミなどの齧歯類を主食とし、他に齧歯類の少ない年では小型鳥類も

大きく発達した顔盤を持ち、頭でっかちの印象を受けます。虹彩は金色。神経質な一面も感じますが、おとなしく、非常に馴れやすい種類です。本国でも北海道で亜種(*A. f. magnus*)の繁殖が確認されています。

ニュージーランドアオバズク

フクロウ目 Order STRIGIFORMES ― **フクロウ科** Family STRIGIDAE ― **アオバズク属** Genus *Ninox*

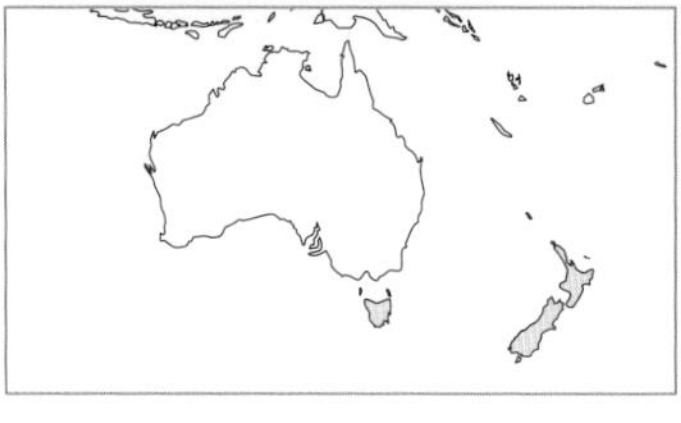

学　　名：*Ninox novaeseelandiae*
英　　名：Morepork
分　　布：ニュージーランド、タスマニア
全　　長：25 ～ 30cm　**体　　重**：156 ～ 300g
翼　　長：18.3 ～ 22.2cm　**翼 開 長**：（70 ～ 80cm）
生息環境：森林や植林地帯。人の生活圏近くでも見ることができます
食　　性：昆虫類を主に、小型の鳥類やトカゲ、齧歯類など

黄色の虹彩に、丸々とした目が独特のアオバズクの仲間です。羽色は茶色の濃淡模様をしており、胸面にはまばらに白が入ります。羽角はなく、顔盤もあまり発達していないので、頭は小さい印象を受けます。昆虫食の傾向が強く、普段の餌の他にコオロギなどを与えると喜ぶでしょう。飛翔能力が高いので、フライト訓練なども楽しめますが、突発的に飛来する虫に注意を削がれないように工夫してみましょう。

若鳥

ウサギフクロウ（タテジマフクロウ）

フクロウ目 Order STRIGIFORMES ― **フクロウ科** Family STRIGIDAE ― **ジャマイカズク属** Genus *Pseudoscops*

学　名：*Pseudoscops clamator (Asio clamator)*
英　名：Striped Owl
分　布：メキシコ南部、コロンビア、ベネズエラ、ペルー、ブラジル、アルゼンチンなど
全　長：30 ~ 38cm　**体　重**：♂ 320 ~ 350g、♀ 400 ~ 500g
翼　長：22.8 ~ 29.4cm　**翼開長**：（100 ~ 110cm）
生息環境：やや開けた潅木地帯や草原まで。人の生活圏でも見ることができます
食　性：小型哺乳類を中心に、コウモリ、鳥類、大型の昆虫など

大きな羽角が立ち、暗褐色の虹彩に顔盤は黒く縁どられ、胸面には名前の由来である縦斑が明瞭に入ります。トラフズク属に比べ、骨格はがっしりしており、脚も大きいです。少し神経質な一面があり、ていねいに飼育する必要があるでしょう。

雛

トラフズク

フクロウ目 Order STRIGIFORMES — **フクロウ科** Family STRIGIDAE — **トラフズク属** Genus *Asio*

留鳥　夏季　冬季

学　　名：*Asio otus*
英　　名：Long-eared Owl
分　　布：ヨーロッパからアジアにかけてのユーラシア、日本、北アフリカ、カナダからメキシコにかけた北アメリカ
全　　長：35 ～ 40cm　**体　　重**：220 ～ 435g
翼　　長：25.2 ～ 32cm　**翼 開 長**：90 ～ 100cm
生息環境：針葉樹林または混交林。人里近くでも見ることができます
食　　性：齧歯類を中心とした小型哺乳類のほか、鳥類、コウモリ、カエルなど

丸い顔盤に、長い羽角が特徴。虹彩はオレンジ。ほっそりとした体格をしており、緊張して細くなったときにピンと立つ羽角は、「羽角・木の枝擬態説」も頷けます。過去、WC個体が出回ったことがありますが、現在は流通が止まっています。国内での繁殖例も聞かれてきており、嬉しいかぎりです。日本にも分布するフクロウです。

コミミズク

フクロウ目 Order STRIGIFORMES — **フクロウ科** Family STRIGIDAE — **トラフズク属** Genus *Asio*

アフリカに生息する近似種のアフリカコミミズク（*Asio capensis*）。コミミズクに比べて茶褐色一色

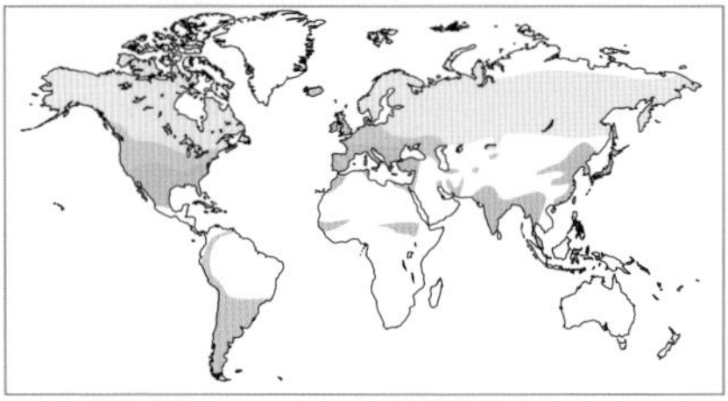

留鳥　夏季　冬季

学名	*Asio flammeus*
英名	Short-eared Owl
分布	ヨーロッパからアジアにかけてのユーラシア、日本、アラスカからメキシコにかけた北アメリカ
全長	34 ～ 42cm
体重	206 ～ 500g
翼長	28.1 ～ 33.5cm
翼開長	95 ～ 110cm
生息環境	ツンドラ、サバンナ、湿地帯などの開けた場所。牧地などでも見ることができます
食性	齧歯類を主として鳥類、その他の小型脊椎動物

ごく小さな羽角を持ち、黄色の虹彩に、目の周りは濃く色づき、背面・翼には茶褐色の濃淡の斑が入ります。過去にWCで大量に輸入されましたが、現在の流通はほぼありません。

PERFECT PET OWNER'S GUIDES

Chapter 3

フクロウの入手

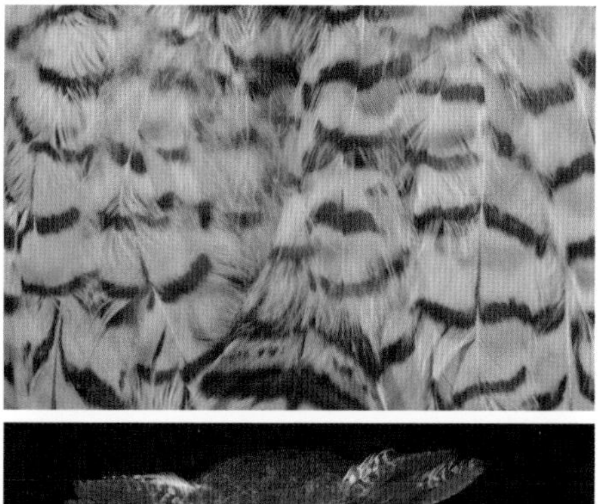

迎え入れるにあたって

フクロウは飼える？

あなたがフクロウを飼いたいと思った時、どこでどのように入手すればよいのでしょうか。日本国内に生息している野生のフクロウ（本書では「日本のフクロウ」と表記）を捕まえて飼育することは、法律により禁止されています。そのため、日本でペットとして飼育できるフクロウは、海外に生息する種類に限られています。輸入された個体、もしくは輸入された個体を元に繁殖された個体、ということになります。

それらはまず、野外採取された個体（wild caught:ワイルド・コート／以下、WC）と、飼育下で繁殖された個体（captive bred:キャプティブ・ブリード／以下CB）に大別できます。

WCの個体は、自然下で生き抜くためにさまざまな経験を積んでいます。敵と判断するものの中にはもちろん私たち人間も含まれており、ペットとして馴らすのにはかなりの労力と技術を必要とするでしょう。ただし、例外的に、綿毛が残る雛から若鳥のWCが輸入されることがあり、後述するデュアルインプリント（二重刷り込み）に共通する場合は馴れてくれます。とはいえ、現地での管理方法や、体力のない雛の輸送時のストレスなど、十分なケアが必要な場合があります。また、CB個体ではありえない病気を持ち込む可能性もあり、導入の際はCB個体とは分けて管理するほうが良いでしょう。

CB個体では、育雛（いくすう）方法によるインプリントの入りかたで、大きく違ってきます。インプリントとは、孵化してから巣立つまでの間に見聞きする親・兄弟像を同種として認識し、やがて性の対象にまで刷り込まれる現象のことで、他にも与えられる食性を覚えたり、周辺環境を繁殖する際の諸条件にしたりと、言わば「三つ子の魂百まで」の学習の一種です。フクロウの場合は、孵化後2週間ぐらいから目が開き始め、インプリントされる期間は、他の鳥類と比べてもやや長いとされています。このインプリント期間に「何を見て、どう過ごしたか」が重要になってきます。

禽舎で繁殖され、親鳥が成鳥になるまで育て上げた個体（ペアレントレアード）は、人にインプリントされておらず、WCと同様に馴れにくい傾向にあります。逆に、性の対象は同種であるので繁殖には非常に有利と言えます。

一方、孵卵器で卵を孵し、人の手で育て上げた個体（ハンドレアード）は、厳密には人を性の対象とします（ヒューマンインプリント）。しかし、実際のブリーダー管理下では、1羽づつ個別での（音まで遮断するとなると、なおさら）管理は商業的にも不可能であり、兄弟や別の種類の雛を見て育つのが普通です。人にもフクロウにもインプリントされているので、デュアルインプリント（二重刷り込み）と呼ばれ、「インプリント個体」として流通しているもののほとんどがこれに当てはまるのが実状です。

WC成鳥の飼育を非難するものではありませんが、コンパニオンバードとしての資質はないに等しいと言えます。法規制などからWCの流通は年々減少傾向にありますが、もし入手したならば、ぜひ繁殖を目指してほしいと思います。何年か後に、CB個体に新しい種類の選択肢が増えるのなら喜ばしいことです。

WC	**日本のフクロウ**	非インプリント	飼育不可	法律違反
	成鳥	非インプリント	馴らすのは難しい	繁殖に向く
	雛・若鳥	デュアルインプリントの可能性	馴れる	コンパニオンに向く
CB	**ペアレントレアード**	非インプリント	馴れにくい	繁殖に向く
		デュアルインプリント	馴れる	コンパニオンに向く
	ハンドレアード	デュアルインプリント	よく馴れる	コンパニオンに向く
		ヒューマンインプリント	馴れすぎるきらい	コンパニオンに向く

※コンパニオンバードとしてのフクロウ飼育を目指す本書では、程度の違いはあれ、人にインプリントされた個体を「インプリント個体」と総称し、その飼育を推奨しています。

デュアルインプリント個体の繁殖

繁殖においては、人にもフクロウにも…と都合良くはいかずなかなか難しい面があるものです。そこで、親鳥に育てさせてから時期を見て雛を取り上げて人が育てる(WCの雛と同じ理屈)、人がある程度育ててから親に返すなどさまざまな方法が試されています。筆者の経験では、「インプリント個体」として入手した個体同士の繁殖も、同種のWC同士よりも時間はかかりましたが、概ね成功しています。また、「インプリント個体」とWC個体との組合せでも早くに成果が出ましたが、インプリントの度合い、どちらが雌雄だとよいかなど、まだまだ比較するにはデータは少なく、課題の一つとなっています。

人に餌をねだり、巣へ雛を育てに戻るメンフクロウ

入手手段

フクロウの入手は、通常ペットショップか、ブリーダーから直接購入することになります。フクロウや猛禽類を専門的に扱うショップから買うことが理想的ですが、運命の出会いだってあるかもしれません。そんなショップ選びのポイントをいくつか見てみましょう。

①法律を遵守している

当たり前ですが、違法ショップから購入してはいけません。日本に生息する野生のフクロウは保護対象になっており、飼育は法律で禁止されています。いわゆる密猟された個体の売買ですが、その判断が難しい場合もあります。日本にも分布が重複している種類の飼育を考える場合は、よく情報を集め、比較検討を徹底しましょう。また、上記事情をショップ側が十分理解しており、快く繁殖経緯・輸入経緯などの情報を開示してくれる、というのも指針の一つになるでしょう。

密猟売買の例

- 日本のウラルフクロウを
  モリフクロウや海外産のウラルフクロウとして
- 日本のアオバズクを
  ニュージーランドアオバズクとして
- 日本のオオコノハズクを
  ○○オオコノハズクとして
- 日本のコノハズクを
  ○○コノハズクとして
- 日本のトラフズクや日本のコミミズクを
  海外産のトラフズク、コミミズクとして

②餌・用具が充実し常備してある

後述するフクロウの餌や用具は、どこのペットショップでも入手できるとは限りません。常時用意されている場合は、ショップ側もフクロウの飼育に力を入れていることが予想できます。

③フクロウ飼育従事者・技術者がいる

在庫管理しているだけではなく、スタッフが実際に飼育している、フライト訓練をしているなどの技術に長けたスタッフがいるショップはお勧めできます。方法論や飼育イメージが違っても十分に参考になり、自分の飼育プランの相談に乗ってもらえるならば頼もしい存在となるでしょう。

フクロウの寿命は長く、餌も特殊で、始めのうちはメンテナンスも一人では厳しいこともあるでしょう。ショップとは長くお付き合いすることになるので、スタッフとの良い関係も大事な要素の一つです。フクロウは決して安い買い物ではありません。多くのショップを廻って、お気に入りの店を見つけるとよいでしょう。

最近では、定期的に全国のショップが集まる動物販売イベントなどが各地で行われています。遠方のショップを一度に多く見られる機会であり、また、ブリーダーの直売なども行われているので、覗いてみるのもよいでしょう。

入手時期

フクロウの繁殖シーズンは、冬の終わりから春の終わり頃までで、真逆の南半球に生息する種類も、北半球での飼育下ではその季節に準じます(稀に秋頃に繁殖します)。ブリーダーの所でおよそ1カ月間育てられた後、ショップに渡り、飼育に向けてのメンテナンスなどが行われ、春過ぎに店頭に並ぶことになります。

まだ立つこともできないような綿毛雛はたしかにかわいいですが、餌の頻度や保温、管理など飼育設備を含めて課題が多く、初めて飼育する人にはお勧めできません。綿毛を少し残す程度の若鳥からが入手サイズの目安となります。

この時期から一緒になることができれば、よりコンパニオンバードとしての醍醐味を味わうことができるでしょう。この春過ぎまでを目安に飼育する準備を整え、お迎えしてあげるのがベターです。

入手チェックポイント

羽毛に包まれたフクロウをパッと見て健康状態を判断するには、多くの個体数を見て経験を積んでもなお難しいところです。また、

インプリントの度合いも、ショップに「馴れています」と勧められた一見おとなしく従順に見えるその個体も周りに萎縮してしまって、ただただジッと「やり過ごして」いるだけかもしれません。ショップに通いつめてみるのも一つですが、馴れたフクロウたちと遊べる「フクロウカフェ」などを利用し、実際に見て、触って、目を養っておくのも一つの手段でしょう。

必要最低限のチェックポイントをあげてみます。

- 目は窪んでおらず、また、白濁などもなくしっかりとしているか
- 嘴の噛み合わせは大丈夫か
- 翼の可動は大丈夫か。また、初列風切がだらしなく垂れ、直しても収納できないことはないか
- 脚はしっかり左右同じに可動するか、股間が開いたりしていないか
- 爪がよじれていたり、変色している爪はないか、接地面がおかしくないか
- 糞などで下尾筒(かびとう)あたりが汚れたりしていないか
- 風切羽根・尾羽がボロボロになっていないか

もっとチェックポイントを挙げたいところですが、さすがにスタッフに嫌な顔をされかねません。他所様のフクロウを勝手に弄りだすのはマナー違反なので、羽根や脚の可動はスタッフに見せてもらうようにお願いしましょう。左右対象な動きが確認できれば一つの目安となります。風切羽根や尾羽の先端が汚れていたり、ボロボロになっている場合は、どんな事情があったか尋ねてみましょう。

「換羽で抜け替わるから平気です」ではなく、その管理姿勢のほうに疑いがかかります。風切・尾羽根をぞんざいに扱う人は、全てにおいても…と考えるべきです。

フクロウカフェ

雌雄の入手

フクロウの雌雄を指定するのは難しいと言えます。通常、雌のほうが大きいのですが、小型種になるほど判別は難しく、体重差でも断言はできません。

正確な雌雄判定は、DNA解析による鑑定を行うことになりますが、

- コストや時間がかかる
- 指定の場合は雌雄どちらかを引き当てるまで検体する必要がある
- 血液鑑定なので血を抜くリスク

など、嫌がられる場合が多いようです。特に繁殖を狙うのでなければ、飼育を続けているうちに「オスだった」「メスだった」となる程度に捉えておくほうが無難です。

フクロウに愛称を付ける際には、その点に注意したほうがいいでしょう。

(例：「花子」と命名→雄だった)

傷病鳥の保護

日本のフクロウは保護対象であり、飼育できないことは述べました。しかし、傷病鳥に関しての対処は違ってきます。怪我をしている、衰弱して動けないような個体に関しては、保護に関わることができます。見方、立ち位置を変えてみれば、そのような個体は天敵の捕食対象となり、捕食者が潤うはずです。

「キツネの親子のドキュメンタリー。お腹を空かせた仔ギツネ、やっと獲物を捕らえ、その命を繋いだ」では、仔ギツネ良かった! と感情移入してしまうかもしれません。

傷病鳥に関して、その自然に関わることはその個人の自由となります。ただ、猛禽類飼育に従事している筆者個人としては、保護を選ぶだろうし、ましてその怪我の経緯がガラスにぶつかった、車にはねられた、風力発電の風車にぶつかったなど、人類の営みによるものだったらなおさらです。

傷病鳥を保護したら、直ちに行政機関(各都道府県により部署名称が異なります。それぞれ都道府県庁に確認できます)へ連絡し、保護施設へ引き取ってもらう間の管理を行います。一般に保護に関われるのはここまでです。

保護された個体は野生への復帰を前提に治療され、リハビリが行われます。しかし、翼がない、脚がないなどの、放鳥不可能と判断された個体は、施設の運営を圧迫し、続く傷病鳥を受け容れられないという現状になっているようです。この放鳥不可能のフクロウを里親として引き取り、その余生を過ごさせてあげることができる場合があります。もし、フクロウ飼育を通して保護や傷病鳥に興味を持ったなら、一つの選択肢として考えてみるのもいいかもしれません。

COLUMN

動物取扱業あるある
個人輸入

「ブリーダーから直接購入する」の一つに、海外のブリーダーから個人輸入するという選択肢があります。個人輸入を反対する意見は持ってはいませんが、動物取扱業の立場からの愚痴を一つ。これはフクロウに限ることではありませんが、インターネット普及に久しい現在では、現地価格、原価のリストを見つけることも容易になりました。

「動物取扱業あるある」になりますが、「現地だといくら、いくらだ」に続いて、「ペットショップはぼったくり」と、なぜか世間ではペットショップは叩いてもいいことになっています。ならば、その「いくらいくら」でここまで持ってきてくれと頼んでも、その後、連絡をくれた人は未だ一人もいません。〝ぼったくりペットショップ〟に対抗するために、「健全な」普及を目指して個人輸入をする人が出てくるのですが、当然、現地から1匹や2匹では買うことはできず、送料も考えるといらない動物までも大量に輸入することになります。送料やロス分を上乗せしたうえで、これだけ大変だったんだからちょっと手数料を…となると、それはもう完全なる動物取扱業、それがペットショップです。意地になって原価で配り歩いた人を知っていますが、年商を元に多大な税金を請求されて大損した人などは、もはや笑い話です。残る手段となる価格競争は、不幸な動物たちを大量生産し、巡り巡って結果、ペットショップに並ぶ動物が大幅に減ることになります。初志の「健全な」普及どころの騒ぎではありません。

フクロウに話を戻しましょう。流通が見られるフクロウ全種はサイテスII類に該当するので、書類手続きを行います。また、鳥インフルエンザなどのウイルス対策から、鳥類の輸入は21日間の蚊に刺されていないことを証明する必要があります。これには、蚊の侵入を防ぐ施設と当事国政府発行の書類に獣医師からの証明と、多大なコストが加算されることとなります。輸送に関しても、動物愛護の観点から受け入れに厳重な規約があり、かなりの大型サイズにかさ増しされたケージにて、時にはフクロウより高い送料で輸送されてくることすらあります。そこに利益を計上して、動物取扱業（輸入）者は、（ひっそりと）生計を立てているわけです。

現地での価格との格差は、ある程度は致し方ないことではありますが、ショップ側にも、副業片手間では真似できない個性や、企業努力が必要とされてきているのかもしれません。

Chapter 4

飼育を 始める前に

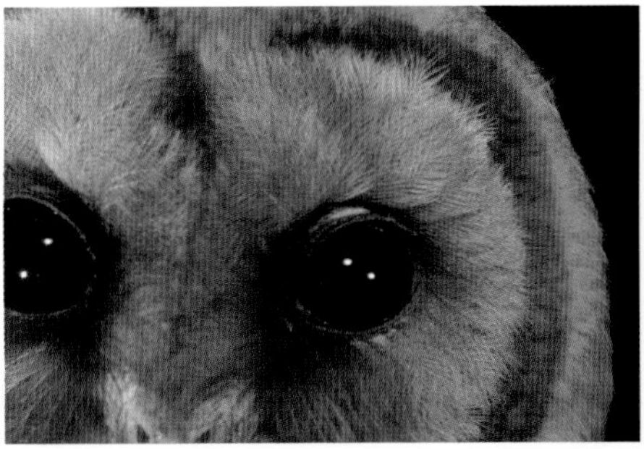

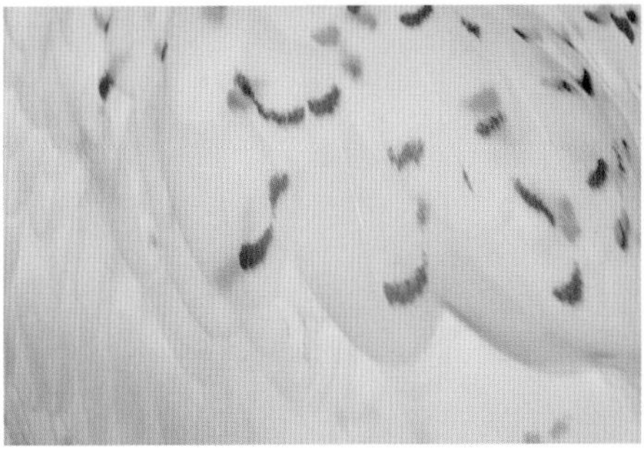

飼育準備

プランを立てる

フクロウの飼育を始める時、種類ごとに分けられた確固たる教科書は出揃っていません。逆に言うと、コンパニオンバードとしての楽しみかたは、まだまだ無限に広がる可能性を秘めているとも言えます。

この章では、多種多様に渡るフクロウの求める環境や飼育で抱える諸問題を挙げ、

①欲しいフクロウの求める環境

②飼育者がしてみたいこと

これに加えて、

③提供可能なこと

を考えていきます。

たとえば、熱帯性の小型フクロウが欲しいとなったとします。

「昆虫食傾向が強い／寒さには弱いので冬は屋内で飼育」を求められ、飼育者は「外で自由にフライト」を希望し、「雪の降る地域在住。虫は苦手で無理。飼える場所は屋外スペースしかない」となった場合、飼育は諦めざるを得ないと言えるでしょう。しかし、「雪の降る地域在住。虫は苦手だが頑張ってみたい。フクロウのためにひと部屋空けてみた」と歩み寄ったなら、十分に飼育を楽しめるプランとなるはずです。

この3つの要素を基に、欲しい種類について自分なりに飼育プランを立て飼育準備に入るといいでしょう。その際、ショップのスタッフや飼育経験者に助言を求めると、より具体的な計画となるはずです。

①フクロウの求める環境

【寒帯、亜寒帯に分布するフクロウ】

寒さに強いですが、暑さには滅法弱い傾向にあります。高温·高湿度を避け、夏場は空調設備が整った環境が理想です。

【温帯～熱帯に分布するフクロウ】

寒さに弱い傾向があるので、屋外飼育では冬に雨風をしのげる工夫をし、夜間は屋内での管理ができるとよいでしょう。

【100g前後の超小型種】

温度や環境による影響を受けやすいので、屋内での管理がよいでしょう。屋外でのフライトはカラスやその他猛禽の脅威に晒される危険をはらみ、避けたほうが無難です。

【小型～中型のフクロウ】

冬場の夜間は、屋内や雨風の防げる環境が良いでしょう。

【大型のフクロウ 】

食べる、汚す量も多くなり、飼育スペースの要求も大きくなります。

【温度】

人が不快と感じない温度帯が無難。具体的には15～25℃ぐらいでしょうか。

【湿度】

極度な多湿は避けます。

②飼育者がしてみたいこと

- フクロウと生活空間を共にしたい
- フクロウを放し飼いにしてみたい
  （※屋外で放し飼いにしてはいけません）
- フクロウを自由に飛ばしてみたい
- 繁殖してみたい

  etc.

③提供可能なこと

【鳴き声問題】

普段の鳴き声はそうでもありませんが、発情期（冬の終わりから春）には、かなりの鳴き声を発する種類がいます。サイズにより声量はもちろん比例しますが、小型種でもかなりうるさい種類もいます。夜間ということもあるので、騒音に対して周辺の理解を得る必要があるでしょう。

【におい】

排泄されたばかりの糞は多少においますが、乾燥するにつれ薄れていきます。筆者は気になりませんが、フクロウ自体にも「鳥特有のにおいはある」とのことです。

【餌の頻度】

毎日。さらには、同じ時間帯であれば理想的です。通常、一日1回で十分ですが、雛では複数回必要になります。また、小型種は場合によって数回必要になります。

【餌、餌のストック】

餌は【Chapter.05 フクロウの餌】で後述しますが、マウスやヒヨコなど、容姿そのままの生肉です。冷凍でのストック管理が主流となりますが、家族には冷凍庫に餌を入れることを嫌がる向きもあるでしょう。また、大型種などでは食べる量も多いです。費用節約の側面からの餌の選択は、飼育者としては避けなければいけません。

【屋内飼育】

夏の暑さ対策には、人の不在時にも空調を使う必要も出てきます。

【屋外飼育】

庭など土地の問題。屋根のついた大がかりなものが必要になるケースもあります。マンションのベランダなど場合でも、カラスや猛禽類の対策、直射日光対策のほか、ヒートアイランド現象による熱波にも十分な検討が必要になります。

PERFECT
PET
OWNER'S
GUIDES

Chapter 5

フクロウの餌

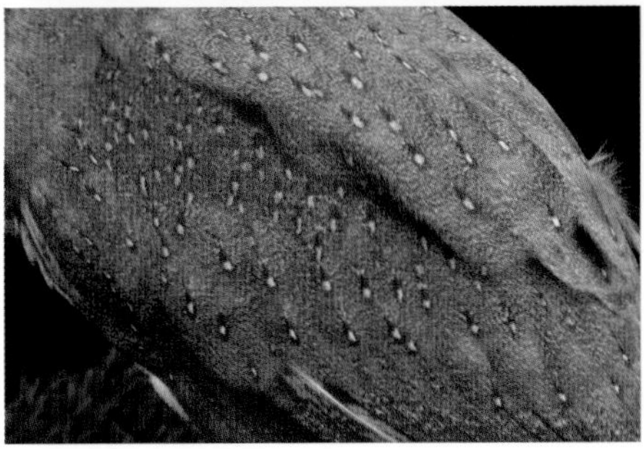

餌の種類と与えかた

かわいい顔をしたフクロウを飼育するうえでの、第1のハードルが「餌」かもしれません。フクロウは幅広い獲物を捕らえる完全肉食性であり、缶詰やドライフードといったフクロウ用人工餌料はまだ開発されていません。

通常フクロウは、獲物を丸呑みにして、肉（筋肉部分）のほか、血や内臓、骨もまとめて体に摂り込みます。肉だけでは補えない各種栄養素を血や内臓、カルシウムを骨などから摂取し、栄養バランスを保っているのです。そして、消化できなかった部分（骨や爪・嘴・羽毛や獣毛・昆虫の外骨格や翅など）を「ペリット」と呼ばれる塊にして口から吐き戻します。

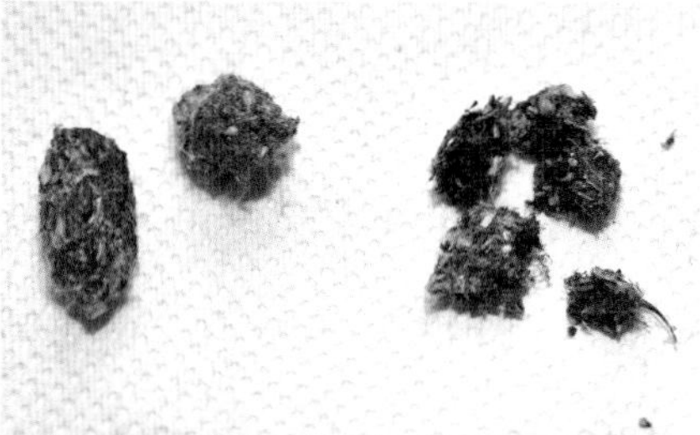
ペリット（餌はウズラとマウスのミンチ）

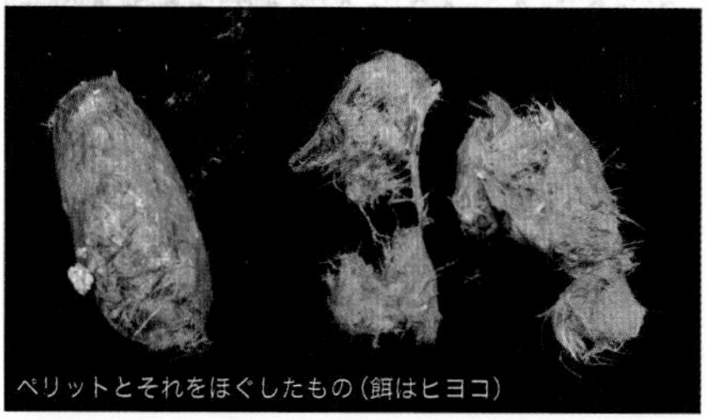
ペリットとそれをほぐしたもの（餌はヒヨコ）

その消化できない部分は元々与える必要がないかというとそうではなく、ペリットを吐くという行為は、フクロウにとって重要な生理現象の一つであり、健康のリズムを保つうえでも必要になります。人間用に精肉された「一部分」の肉だけでは長期飼育できなかった背景があります。丸ごと与えることのできる「全体食」の餌が、フクロウの飼育には理想的です。

入手しやすい餌

冷凍マウス

成長過程によって、さまざまなサイズで入手できます。生まれたての「ピンク」、やや毛の生えた「ファジー」、離乳直後の「ホッパー」に、「アダルト」各サイズのほか、老齢の「リタイア」などとして販売されています。齧歯類を主食とするフクロウも多く、餌としての総合的なバランスに優れています。ピンクマウスはカロリーも高く、丸ごと与えやすいので重宝しますが、骨密度が低く、単用ではカルシウムが不足してしまいます。ホッパー以上は腸などの消化器官を取り除いたほうが無難でしょう。

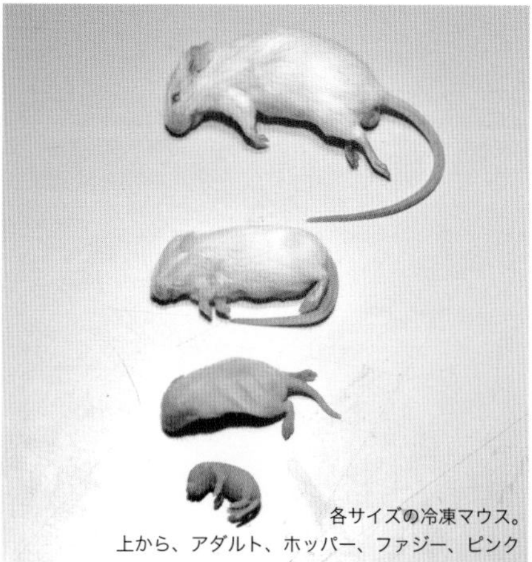
各サイズの冷凍マウス。
上から、アダルト、ホッパー、ファジー、ピンク

冷凍ヒヨコ

ニワトリの初生雛のため、飼育による汚染が少ないことが期待できますが、厳密には嘴・そのう・胃腸・ふ蹠先を取り除きます。また、体内にあるヨークサック(卵黄嚢)も取り除きます。ヨークサックは栄養の期待できる部位ではありますが、嘴周りや掴んだ脚などを汚しやすく、ケージやグローブなどがベタベタになって不衛生になりがちです。なお、黄身にはニワトリの餌由来の色素を含み、フクロウの脚などが黄色く色素が沈着することがあります。健康上に問題はなく、黄身を与えなければ代謝によって更新されます。筋肉量が少なく、カロリーは低いですが、羽毛に覆われているのでペリットの誘発には向きます。

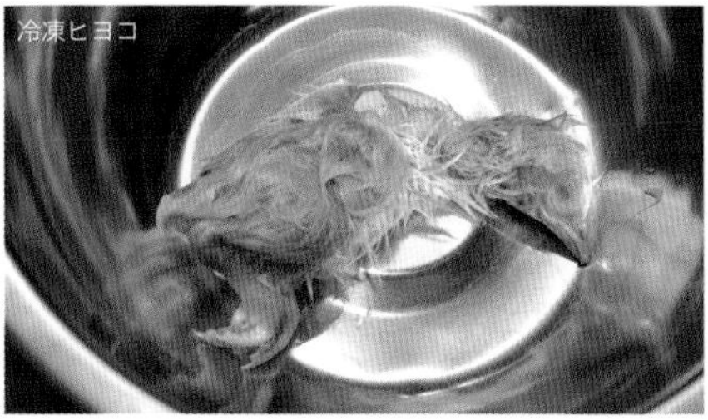

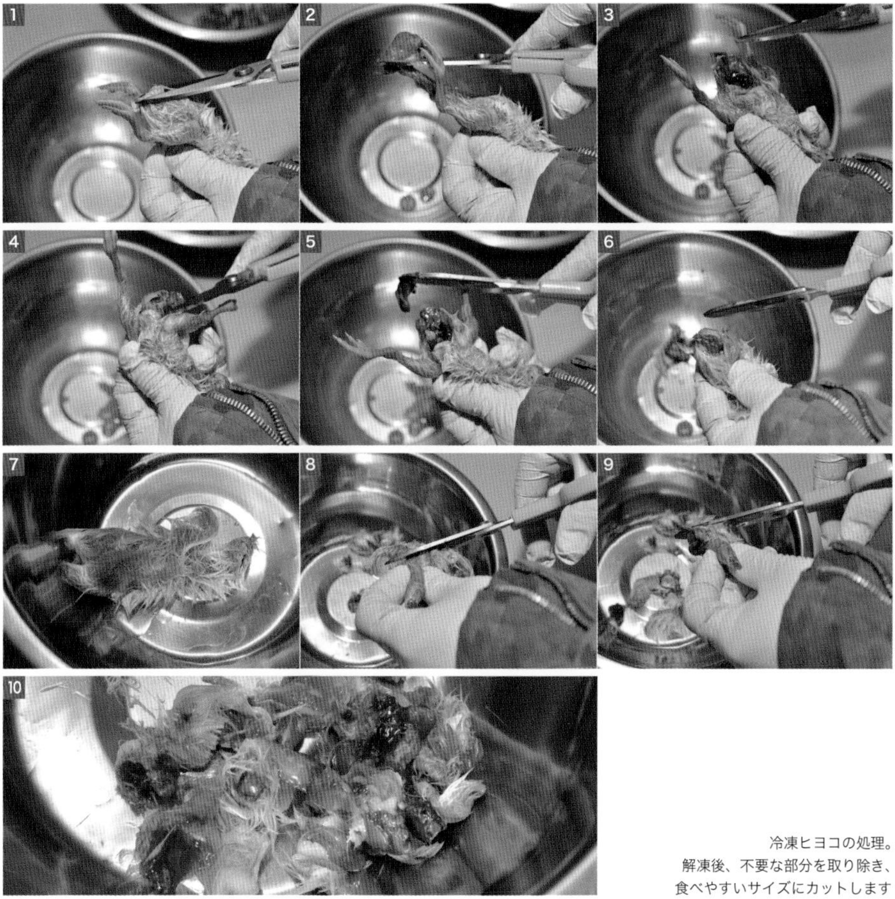

冷凍ヒヨコの処理。
解凍後、不要な部分を取り除き、
食べやすいサイズにカットします

冷凍ウズラ

頭･手羽･ふ蹠先･そのう･腸のほか、雌ウズラなら卵･卵黄も取り除きます。そのまま与えても丸呑みできずに齧って食べ、骨を残すことが多いでしょう。ひと口大に刻んだ場合、背骨などの骨が硬く尖っているため、食道を傷つけることがあります。雛や若鳥･小型種などには、胸肉部分など骨抜きを与えるのが無難であり、その場合は「部分食」として扱います。初生雛ウズラは、羽毛に多く覆われペリット材に良いでしょう。処理はヒヨコと同じです。

冷凍ウズラ（上）と
冷凍ヒナウズラ（下）

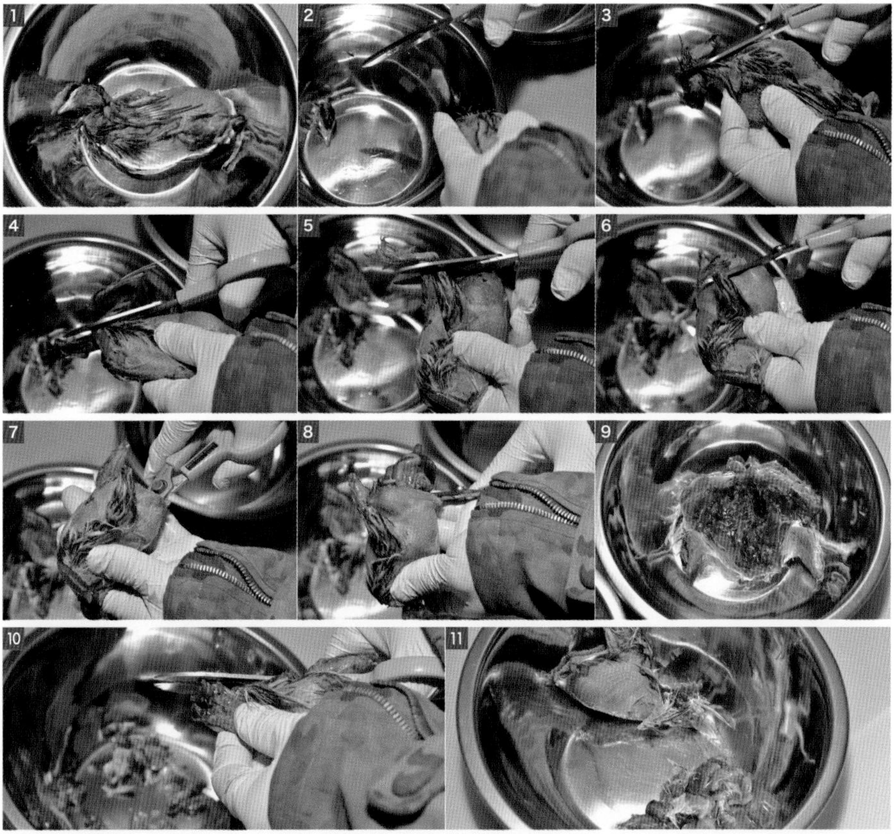

冷凍ウズラの処理。冷凍ヒヨコと同様、解凍してから不要な部分を取り除きます

活コオロギ

フタホシコオロギ、イエコオロギの2種類が各サイズ流通しています。フクロウには、ML～LLサイズの成虫サイズを与えます。雄はうるさく鳴くので、ストック時に気になる人は、翅を毟るか、雌かMLサイズをストックするとよいでしょう。また、フタホシコオロギの選抜品種「クロコオロギ」は、翅のないサイズでも十分大きくボリュームがあるので重宝できます。黒い虫が苦手な人は、茶褐色のイエコオロギの選択もありますが、やや小振りで動きがすばやく、扱いは難しくなります。餌皿などから与える場合はコオロギの動きを制限させるため、後脚の腿節を強く摘むと自切します。また、頭部を軽くピンセットで潰すと、与えた後の脱走を軽減することができます。冷凍されたコオロギの流通もしているので、おやつと割り切って試してみるのもよいでしょう。

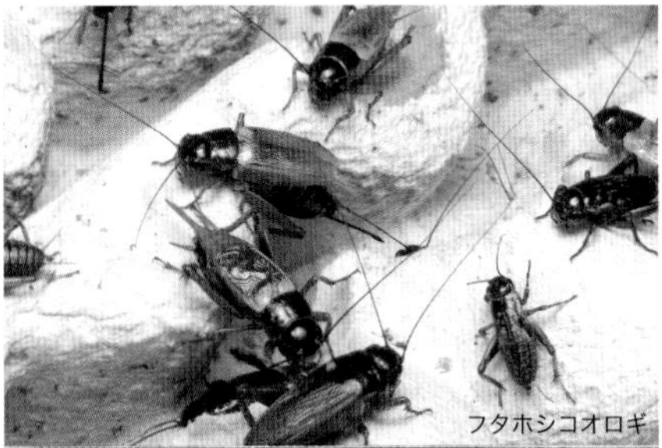
フタホシコオロギ

イエコオロギ

猛禽用冷凍ソーセージ

長く待たれていた人工餌料ですが、国内でも猛禽類をターゲットとした、ウズラのミンチを塩分調整された羊の腸に詰めた冷凍ソーセージが登場しています。育雛などではウズラのミンチも与えているので、骨ごと与えるその効果は期待できるでしょう。しかし、加工品であることのコスト高は致し方ないとして、ペリット誘発部分が少ない、単一餌になる、という面では「これだけでフクロウが飼育できる」とは言い難いです。上記、冷凍餌に加えたレパートリーとするのが望ましいでしょう。

その他、レパートリー

冷凍ラット

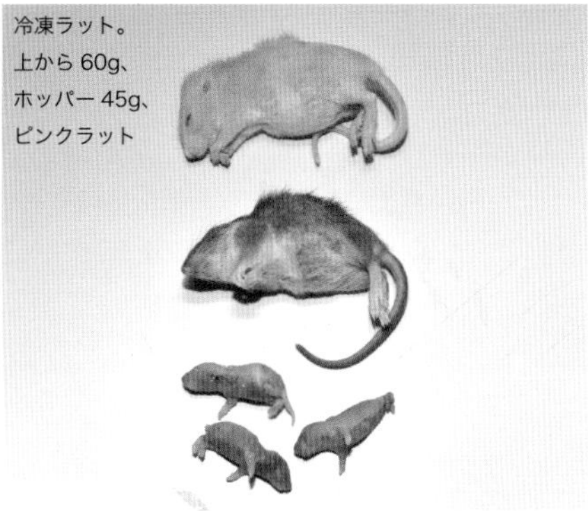
冷凍ラット。
上から60g、
ホッパー45g、
ピンクラット

マウスと比べて皮が厚いので、丸呑みさせるには消化が悪いとされますが、60gサイズぐらいまでなら十分に餌として与えることができます。また、生まれたてのピンクラットは高カロリーで優秀な餌となりますが、骨密度は低く、カルシウムは少ないのが難点です。

冷凍ハト羽節(ハブシ)

ハトの胸肉、ササミ部分の「部分食」。タカなどを扱う専門店から入手できます。赤い肉質で、豊富な鉄分などが期待できるでしょう。2週間程度冷凍処理することで、心配される病原体のトリコモナスは死滅するとされています。

ハブシ

活ミルワーム、活ジャイアントミルワーム

ゴミムシダマシの幼虫。与えやすいという利点はありますが、あくまで昆虫食のレパートリーの一つとして捉えましょう。脱走すると衣服などを食い破ることがあるので、頭部をピンセットなどで軽く潰してから与えるとベター。

ミルワーム

餌用ゴキブリ

苦手な人も多いと思いますが、昆虫食種には非常に良い餌になり得ます。流通する種類の中でも、マダガスカルオオゴキブリやアルゼンチンモリゴキブリ(デュビア)など、フクロウに合わせて各成長サイズを選ぶとよいでしょう。

デュビアの名で流通する餌ゴキブリ
(アルゼンチンモリゴキブリ)

その他、筆者は使用したことはありませんが、ウサギ、モルモット、カイコ(シルクワーム)、ハチノスツヅリガの幼虫(ハニーワーム)、養殖アフリカツメガエル(WCのアジアウキガエルは寄生虫の面で避けたほうが無難)などがペット用の餌として流通が見られます。

他にも、魚食性のフクロウには魚も与えてみたくなるところですが、コンパニオンバードに見られる種類では、先述した一般餌で繁殖まで行なえているようなので、無理に与える必要はないと思われます。どうしても与えたい場合は、10cm程度の刺などなく、ツルリと丸呑みできるサイズで、淡水性のものを選ぶとよいでしょう。この場合、嘴周りや脚、ケージなどを汚しやすく、かわいいフクロウの吐息が生臭くなるのは覚悟しておきましょう。

フクロウの食性を検討し、あれこれと思い馳せるのも楽しみの一つとなるはずです。

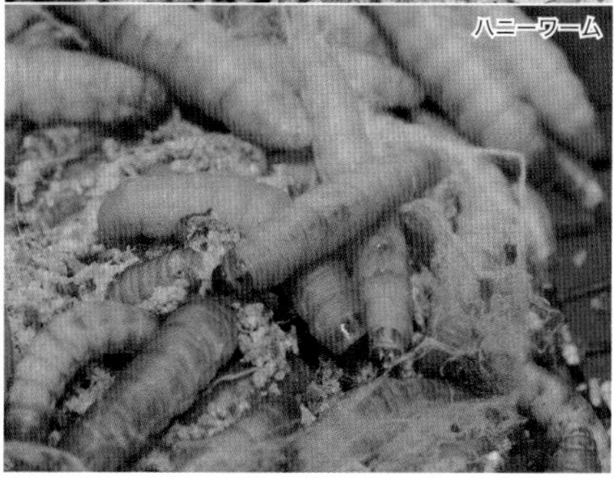

推奨されない餌

「部分食」であるので元々勧めるものではありませんが、馬肉や牛肉・豚肉などの精肉を、誕生日やご褒美に与えてあげたくなるものです。しかし、フクロウには屍肉食性の種類はなく、大型種であっても自然下ではおよそ食べる機会のない肉だと思われます(仔ジカやサルなどの捕獲例はありますが)。特に馬肉などはプリン体が多いとされ、通風を引き起こすとの報告例もあるので、常食はさせないほうが無難です。

肉の解体処理

飼育管理されたものではありますが、表面をよく洗い流し、各種衛生上の解体処理を行います。特に、同じ鳥類のウズラなどの場合は、肺や気嚢などの器官もチェック対象になります。

解体には、キッチン用のハサミを使うと楽に行うことができます。処理済加工された商品もありますが、ゴミが出ないのはたいへん便利ではあるものの、ペット用であるので厳格な衛生基準を持たず、かつ、切り口があるので冷凍保存での劣化も早くなります。取り出した内臓は餌の品質の確認にもなるので、自分で解体処理ができるようになるとよいでしょう。

解凍

冷凍の餌は、その都度解凍して与えます。冷蔵庫での解凍や、流水に浸けて解凍する方法が挙げられます。冷蔵庫での解凍は、衛生的に行えるものの時間がかかり、場合によっては前日からの仕込みが必要となるので日々のメニュー計画には支障をきたすことがあります。水で解凍する場合、特に処理済加工されたものは、切り口より栄養分が流れ出てしまうおそれがあります。袋などに入れてから流水をかけ流して解凍をしましょう。

冷凍ストック

冷凍保存時にも、わずかながら水分を失っていき、酸化も進みます。いわゆる「冷凍焼け」と言われる状態で、餌としての質は著しく低下していきます。一般家庭用の冷凍庫では、1～2カ月で使い切るように心がけましょう。また、餌を冷凍庫に持ち込むということは、家族の理解が必要なデリケートな部分でもあるので、別途、冷凍ストッカーなども検討してみるとよいです。マイナス60℃以下の超低温のものも見られますが、いかに細胞壁を壊さず急速に冷凍するか、という過程では重要になってくるものの、保存や「冷凍焼け」対策なら、真空パック保存や扉の開閉をすばやくするほうが経済的です。

なお、いたずらに脅かすわけではありませんが、ウズラやヒヨコの場合は、鳥インフルエンザの発生が見られると解除されるまで流通が止まることがあります。専門ショップでは対策として複数の遠隔地からの仕入れを行なっている所も多いようですが、マウスやラットの使用量で調整したり、冷凍庫の大きさと相談し、パニックにならないように対策しておきましょう。

与えかた

フクロウのサイズに合わせて、ひと口大に切ったものをピンセットなどで与えます。吐き出したペリットを参考に、それより小さいサイズくらいから食べやすいサイズを探してみるとよいでしょう。屋外禽舎での間接飼育では腐敗が早まるので、ひと口大にカットせずに餌台に置いて与えましょう。

カロリーコントロール

単一の餌だけで飼育できれば、管理はずっと楽になることでしょう。しかし、入手できるどの餌をとっても一長一短で、単用での飼育はできないと言えます。ヒヨコ単用では総合的に栄養が足りず、ピンクマウスなどでもカロリーは摂れてもカルシウムが足りません。たとえバランスの良いとされるマウスだけを与え続けた場合でも、飼育下でのフクロウは肥満になってしまいます。人に例えるまでもなく、肥満はさまざまな病気を誘発し、健康に飼育することは難くなります。

ここで、安易に餌量を減らしてみるとします。自然下では、天候によっては狩りができない日もあるでしょうから、定期的に絶食日を設け、緩急をつけるのは良いリズムとなり得ます。しかし、慢性的に餌量を減らすという方向性は、体内での臓器活動にも影響を与え、結果的に代謝を損ね、健康を害しかねません。また、コンパニオンバードとしての飼育、特にフライト訓練中のフクロウには、餌の要求に対しての与えてあげる満腹感は非常に重要になります。

そこで、餌の質を調整します。

餌の中にも、赤い肉質ほどカロリーが高い傾向にあり、マウス・ウズラ・ヒヨコの順にカロリーは高くなっています。給餌量は同じに充足感を与えつつ、強弱の餌を使い分けて、飼育下環境でのカロリー消費量に合わせるように心がけていきます。

また、昆虫食傾向の強いフクロウに関しては、餌昆虫を積極的に与えるべきと考えていますが、それだけでの飼育も行うべきではありません。昆虫はカロリー的には高い数値を示しますが、一度に摂取できる総量や、その捕食頻度がそもそも違っています。飼育上、絶えず昆虫を与え続けるのは現実的ではなく（腹持ちさせるためにあらかじめマウスやウズラをコオロギに食べさせるという手法も考えられますが）、通常の肉餌に補助的に与えることになります。

栄養とカロリーのバランスを保ちながら、計画的にフクロウを見て、その日のメニューを決めてあげるというのが、理想の餌の与えかたと言えるでしょう。

健康に長生きさせるために…

冷凍された「ほぼ全体食」の普及で、フクロウの飼育は身近なものとなりました。しかし、冷凍によって破壊されたであろう栄養素や廃棄処理した部分、また、限られたレパートリーでは補えない部分もあることでしょう。

「飼育できる」からさらに上の「健康に長期飼育ができる」を目指して考えてみましょう。

①活餌の考察

野生のフクロウは生きた獲物を捕らえているのですから、活きた餌を与えるということは理に叶った一番の解決策でしょう。しかし、ペットショップで入手できるとなると、活マウス・活ヒヨコぐらいに限られてしまいます。フクロウ飼育をするうえで、活餌を与えるかどうかの倫理は、人それぞれの価値観によります。

フクロウを健康に飼育するという大前提と、活餌に対してできるだけ苦痛を与えないという動物愛護の観点で、個人で判断してみるとよいでしょう。

昆虫を除き、活餌は人が殺してから与えます。掴んでからしばらく殺し始めないこともあり、いたずらに苦痛を伸ばしてしまうこともあります。また、マウスの場合は逆襲によってフクロウが怪我する場合もあります。

最も苦痛を与えない方法としては、マウスは後頭部を親指と人差し指で固定してから、尻尾を引っ張る頚椎脱臼が推奨されています。この時、まず尻尾を持って制御し、金網などにしがみつかせてから後方に引くと頭を固定しやすくなります。ヒヨコは、頸部を何度か捻転させ頚椎脱臼を行い、頚動脈を強く押さえ込んで窒息させます。冷凍の餌と同様に解体処理を行い、温かいうちに与えるとよいでしょう。

筆者の場合、1羽を生かすために毎日一殺を悩んだこともありましたが、温かい血をおいしそうに頬張るフクロウを見ると、2日で克服するに至りました。後は、感謝を忘れないことが大切であると考えています。

②サプリメントの考察

各種さまざまに存在していますが、フクロウ専用として調整されたものはありません。筆者個人の観点からは、サプリメントは有用と判断しています。漠然とサプリメントを始めるのであれば、過去において失敗例の聞かない総合ビタミン剤を使用するとよいでしょう。小鳥用ですが、NEKTON社の「NEKTON-S」が入手しやすいです。また、餌のレパートリーからはカルシウム不足が予想できるので、過剰摂取の心配が少ないカルシウム添加もお勧めできます。こちらはビタミンなどを含む総合添加剤ではありますが、VETARK社の「NUTROBAL」が入手しやすいです。水に混ぜて飲ませるのは安定しないので、餌に混ぜて与えることになりますが、用法･用量を守ると意外に用量は多く、肉に付いた味を嫌がる個体が多いのにも注意が必要です。特に、訓練中のフクロウへのご褒美が「まずい餌」というのは、問題になるでしょう。

では、実際に効果のほどはどうなのでしょうか。

微量に摂取するものだから、劇的な変化を望むものではないかもしれませんが、成功･失敗の判断し難いところがあります。「フクロウにビタミンB複合剤を経口したら死亡した」と失敗例を聞けば即回避すべき内容でしょうが、フクロウにもビタミンB群は必要な要素のはずです。また、「猛禽類用は成分が強いので少なく与えるほうが良い」など、用法･用量を守らなくてもよい「さじ加減」でいいなら、成功例はどこにあるのか、いまいち釈然としないものです。

じっくりとサプリメントをやってみようと思うなら、やはり獣医師への相談が一番でしょう。実際に飼育しているフクロウ自体が現状で何が足りて、何が不足しているかわからないので、普段の餌の種類や質を説明し、不足分を補ってもらうのが正しい用法だろうと考えます。そして、勧められたものをショップで求めるといいでしょう。特に、換羽促進や、繁殖誘発などの効果を期待するものは、獣医師指導の下の範疇であると思われ、体調不良時の消化酵素もまた然りであると、筆者は考えています。

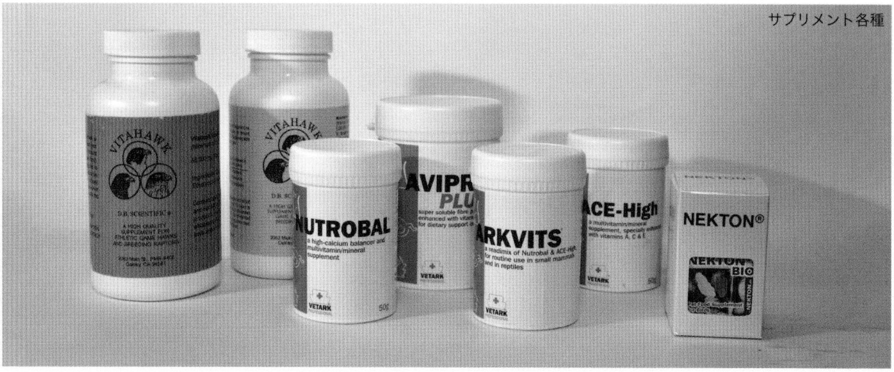

サプリメント各種

震災と保存食

震災が起きてしまった時のことも頭に入れておくべきでしょう。もちろん、人命が最優先であり、身の安全の確保、人命の救助と、ペットの心配どころではないはずです。避難所にフクロウを連れて行くことは、不謹慎な行為になってしまうかもしれません。そしてまた、震災を経験したことのない筆者が、語る内容ではないかもしれません。しかし、ライフラインが止まるような震災が起これば、冷凍餌に依存しているフクロウの餌は断たれます。かわいそうだからと放してあげるのも、心情的には賛成ですが、やはりやってはいけない行為だと思います。

どんな可能性や希望があるかわからないので、必ず1羽ずつに輸送ケージを用意しておくこと。また、望みとしては熱湯が必要ではあるものの、動物園などでも使用実績があるとされるMazuri社の猛禽類用フード、もしくは缶詰でそのまま使えるHill's社の猫用a/d缶（こちらは筆者も強制給餌に使用経験あり）などはどうでしょうか。

もし、あなたが防災用の非常食を買うことがあるのなら、カンパンや水と一緒に、かわいがっているフクロウの保存食のことも少し思い出してみてください。

PERFECT PET OWNER'S GUIDES

Chapter 6

フクロウ 用具

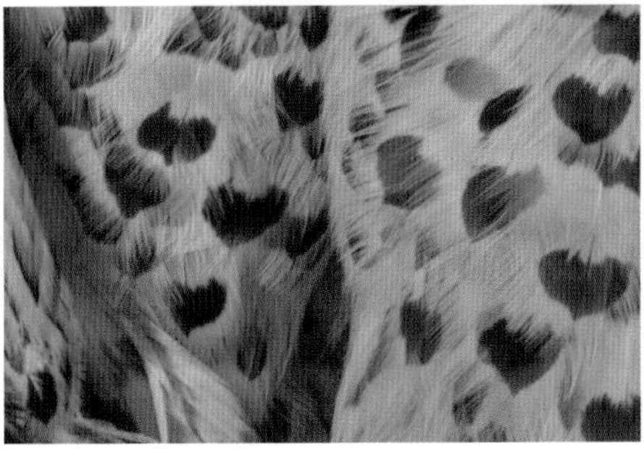

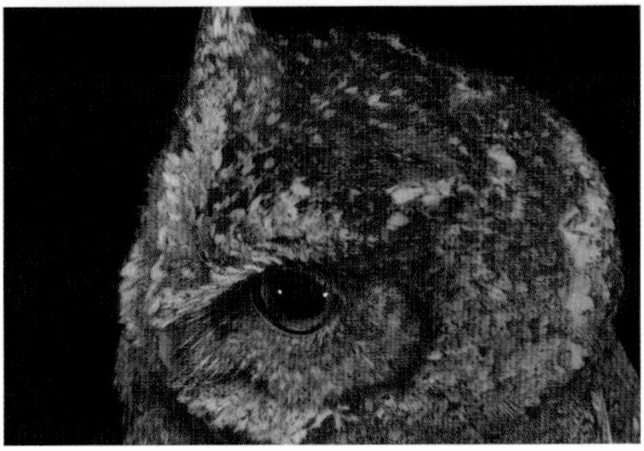

用具

フクロウを飼育する用具はグローブを除くと、そのほとんどを他の用途の用品を流用するか、自作を求められることになります。言い換えれば、使用用途に沿って、フクロウのためにさまざまな創意工夫をしていく楽しみかたもあります。専門店では、それぞれ工夫を凝らした商品の提供がなされているので、覗いてみるのもいいでしょう。

ファルコングローブ

ファルコングローブ

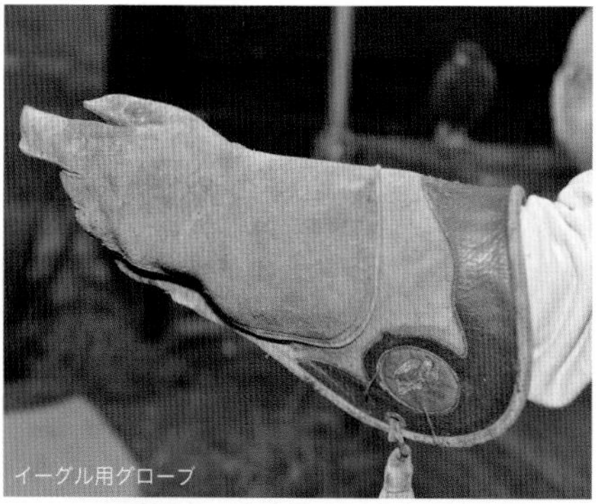
イーグル用グローブ

フクロウを乗せるための片手の革製手袋。牛革、鹿革、合皮などで作られています。通常は利き腕とは逆の拳にフクロウを乗せ、作業を利き腕で行います。左利き用は店頭に並ぶことが少ないので、予約注文をするかオーダーメイドとなります。フクロウのサイズに合わせて革の厚さや枚数、丈などを選ぶと良いでしょう。大型種向けには、乗せる部分が牛革3枚仕立ての肘まであるような専用のグローブもあります。

小型種程度までなら作業用皮手袋などでも流用できますが、縫い目部分などに爪が入らないような構造のものを選ぶとよいでしょう。また、同じ製品で入手しやすい色、デザインを選んでおくと、交換時のフクロウの戸惑いが少なく済みます。

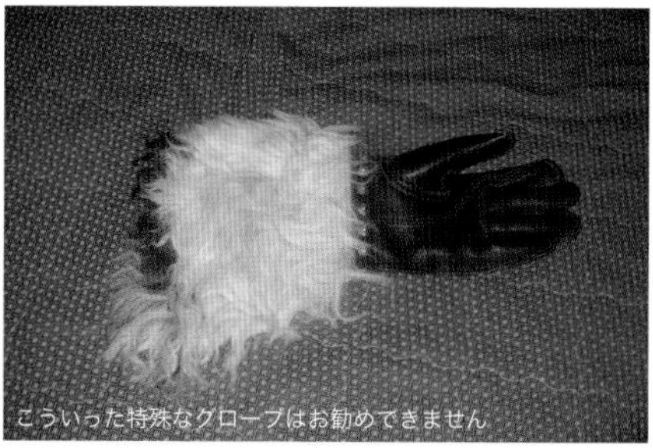
こういった特殊なグローブはお勧めできません

グローブのメンテナンス

あらかじめ天然ミンクオイルなどを塗りこんで手入れをしておくと長持ちさせることができます。使用上、餌の血や脂で汚れるので、その都度固く絞った濡れ布巾で拭き取り、風通しの良い日陰で乾燥させておきましょう。梅雨時はカビが発生しやすく、長期間使用しない時などは乾燥剤と共に密封しておくとよいでしょう。車のダッシュボードの中もカビが発生しづらく、保管場所には適しています。グローブ内側も汗などで不衛生になりやすいので、布手袋などをしてから装着すると快適に使用できます。

なお、余談ではありますが、ファルコングローブはその性質上、クロムなめしの加工工程をふんだ革で作られています。筆者はクロム金属アレルギーを持っており、グローブをはめた左手の皮膚はボロボロになってしまいます（一種の「職業病」と諦めてはいますが…。）。そこで鹿の脳なめし、タンニンなめしといろいろと試してみましたが、どうもクロムなめしの工程も含んでいるらしくアレルギー反応は出てしまいます。もし、クロム金属アレルギーの人がいたら、合皮製かディスポなどのインナー装着をすることをお勧めします。

輸送ケージ

フクロウを輸送するための箱型ケージです。移動する以外にも、緊急時の対応のためにも、1羽に対して1個は用意しておくとよいでしょう。

自作するか、犬·猫用を流用したものが主流ですが、最近ではフクロウ専用のものも見られるようになりました。その際は爪を引っかけてしまったり、しがみついて羽根がボロボロにならないような構造のものを選ぶことが重要です。

自作輸送ケージ

無用な暴れを防ぐために、あえて羽根が広げられない程度の幅のものが向いていま

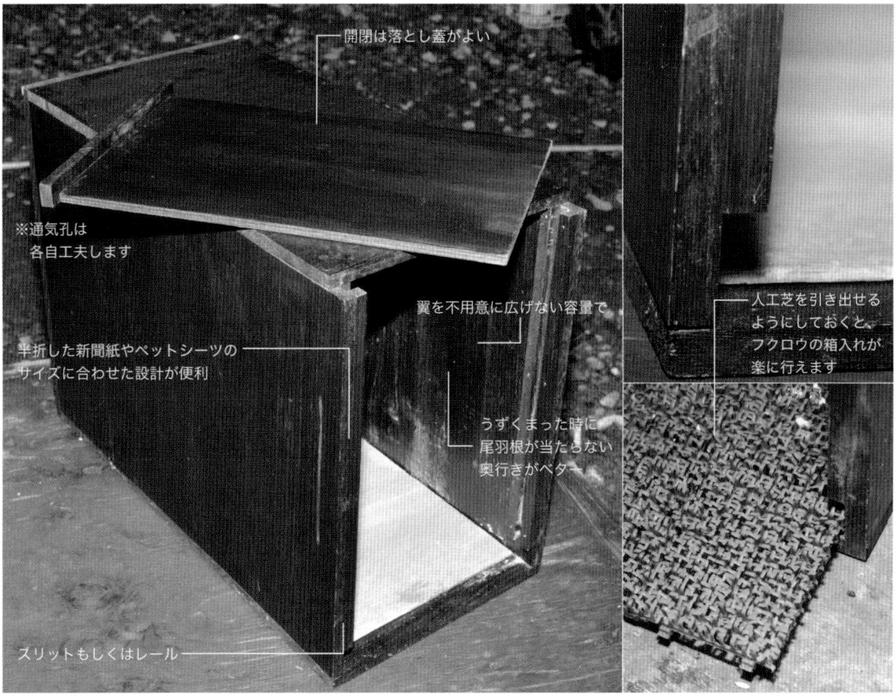

す。直立時に頭が触れない高さ、うずくまった姿勢（全長にあたる）で風切羽根、尾羽根が触れないよう奥行を取ります。止まり木の有無は、個体の個性や個人の好みによって選択するとよいでしょう。尾羽根の長い種類や柔らかい羽根の種類には止まり木が有効な場合がありますが、中でよく動き回る個体にはないほうがベターです。

犬・猫用キャリーケージの流用

水洗いができるので、衛生的に使用できます。また、使用しない間は分解できるため場所をとらないのも利点と言えるでしょう。爪を引っかけたり、風切羽根などが入り込んで傷むので、隙間やスリット穴をプラ板や段ボールなどで各々塞ぐ必要があります。サイズや構造は、好みの製品を探してみてください。

止まり木のある
バードキャリー

キャリーケージの例

体重計

飼育管理のうえで重要な用具の一つ。特に専用のものはありませんが、キッチンスケールなどを流用して自作します。キッチンスケールは1g単位の精度のものが良く、最大計量はフクロウに合わせて選ぶと良いでしょう。尾羽根が地面に着かなければ、そのまま人工芝などを両面テープで貼り付けた程度の加工で十分です。他にはブロック型のコルクやT字状の止まり木を貼り付けるなど、各自工夫をしてみるとよいでしょう。

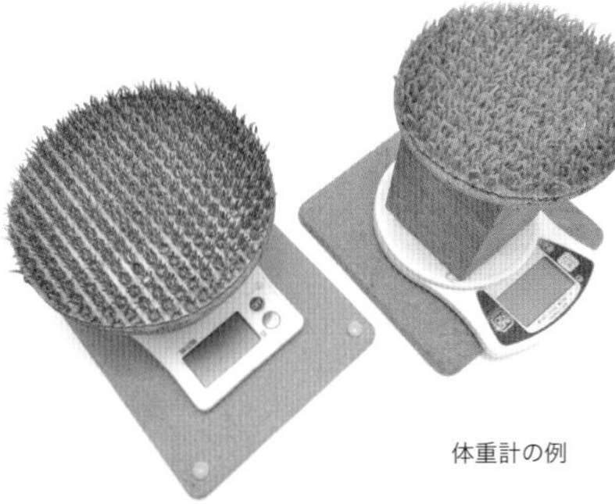
体重計の例

ピンセット

コンパニオンとしての飼育では、ひと口サイズに切った餌を与える時に使用します。与える際に、勢い余ってピンセットを喉奥までくわえ込んでしまう場合もあるので、先は丸く、折れ曲がった形状のものなどがよいでしょう。横向きにピンセットを使用することでも、誤飲の事故は少なくて済みます。

ピンセット
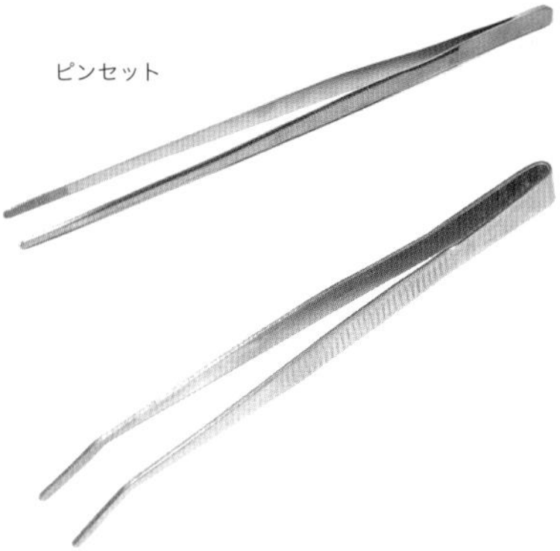

餌入れ

置き餌で与える場合に使用します。清潔を保てる素材で、縁に止まっても倒れない形状、重さのものを探してみましょう。餌はこびりつきやすいので、同じものを複数用意しておくと、浸け置き消毒の手間が楽になります。

水入れ

屋内·屋外問わず、水入れは必要です。常に新鮮な水が飲めるように心がけましょう。小鳥用の茶丸や小判、植木鉢の皿などが使えますが、他にもいろいろ探してみてください。縁に止めるので倒れにくい形状のもので、深さはふ蹠半分ぐらいまでを目安に。水浴びもさせるなら、フクロウが入れる程度の円周のものを用意します。その際は水が周囲に飛び散ることになるので、防水の対策をしておくとよいでしょう。

水入れの例

リング(脚環)

CBのフクロウにはふ蹠部分に孵化後2週間から3週間ぐらいまでの間に、抜けないサイズのリングが入れられています。個体識別·管理のナンバーが刻印されており、マイクロチップの代替として使われています。

このリングは繁殖個体であることの証明になり(後から装着できるタイプも存在しますが)、飼育されているフクロウであることを示す意味でも、特に脚部に異常が見られないかぎりそのまま装着して飼育するようにしましょう。万が一のロスト時に、飼い主である証明ができる数少ない材料になるので、必ずリングナンバーを控えておくようにしましょう。

リング

係留用品

アンクレット

係留するための足革。ふ蹠部分に、ハトメで装着します。軽くて耐久性に優れるカンガルー皮が好まれて使われています。固くなるとフクロウの脚を傷つけることがあるので、最低でも年2回は交換するようにしましょう。アンクレットやジェスの手順は後述する【Chapter.7 飼育スタイル】で詳しく紹介します。

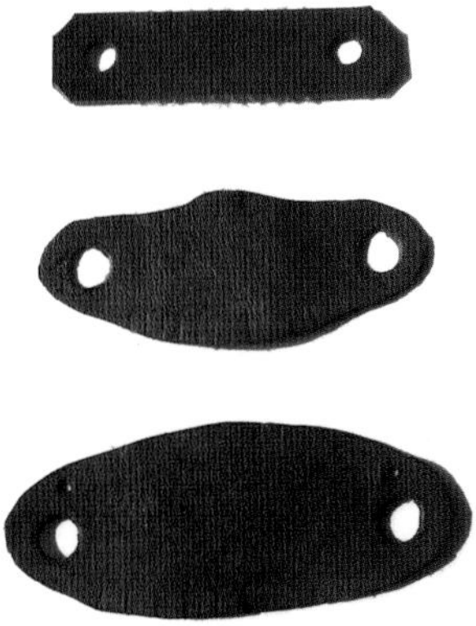

アンクレット

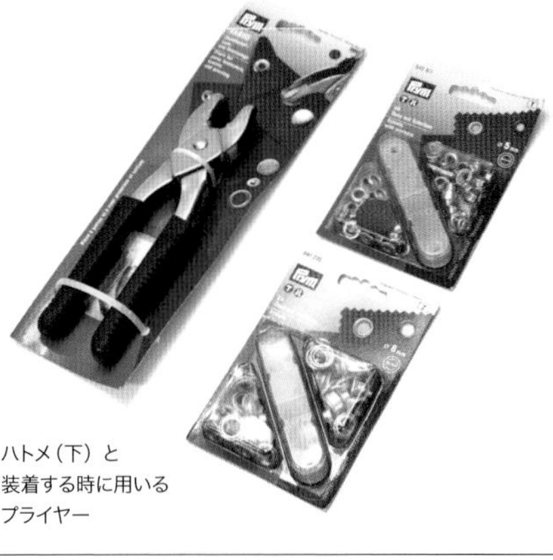

ハトメ（下）と
装着する時に用いる
プライヤー

ジェス

拳に乗せたフクロウの制御や、リーシュとの連結を目的として使用します。フライトさせる時は、リーシュを通す穴を開けないフライト用ジェスに付け替え、アンクレットのハトメ穴に通して装着します。ジェスをなびかせた時、干渉しないように外側にコブがくるようにします。

フクロウは器用にジェスを引き抜いてしまうことが多く、さらには誤飲してしまうケースもあります。フリーフライト時以外では、ジェスだけで過ごさせないように注意が必要です。アンクレット同様、軽くて耐久性のあるカンガルー皮が好まれますが、屋外で係留する場合はリーシュ連結部が切れやすいので、毎日の点検と小まめな交換が必要となります。係留を主とした場合はナイロン製などのジェスのほうが切れにくくて安心できる場合もあります。ナイロン製ジェスの場合も、水濡れなどで固くなる前に交換するとよいでしょう。

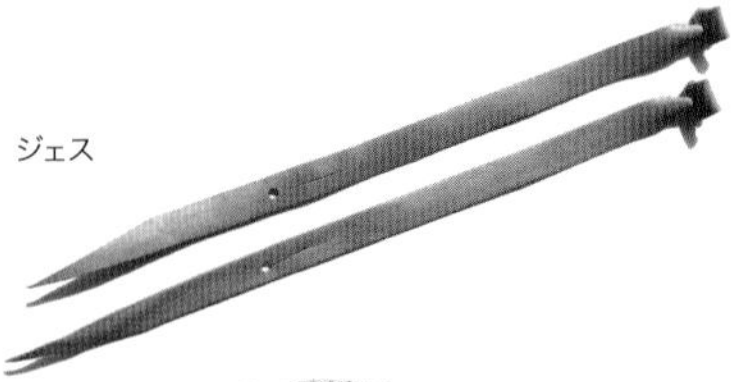

ジェス

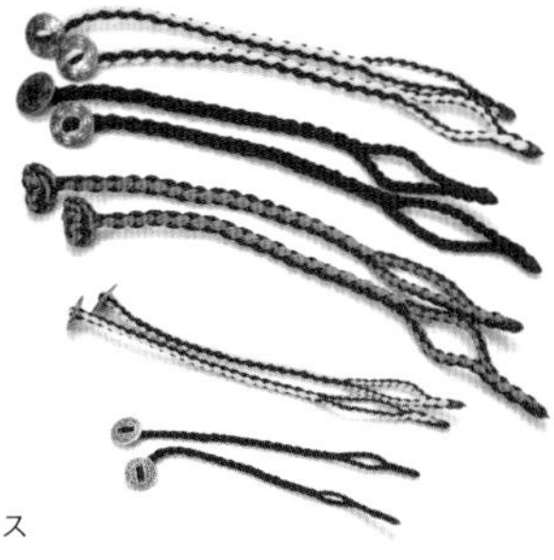

ナイロン製ジェス

リーシュ

チチワ、スイベル、係留リードの3つで構成されます。チチワ、係留リードは耐水性と強度に優れた登山ロープ(クライミングロープ)を使用します。端糸を熱処理できるように、ナイロン製の製品が主流になります。

絡まるのを防ぐためのスイベルは、よく可動し強度の高いものを使用することを推奨します。スイベルをジェスに直接通し、チチワ部分を省略することもできますが、一般に入手できるスイベルではリング径が小さいので、フライト訓練など脱着を頻繁に行うようなら、チチワを使用するほうが便利です。

係留パーチ

フクロウを係留する止まり台。さまざまなタイプがあります。次の【Chapter.7 飼育スタイル】で、各種類ごとに詳しく解説します。

メンテナンス類

爪や嘴の手入れ、アンクレットを装着する道具などが挙げられます。【Chapter8 飼育管理と繁殖】にて後述します。

フライト用品

携帯用の餌入れのほか、テレメトリーシステム、鈴、笛などが挙げられます。【Chapter9 コンパニオンバードとしての資質】にて詳しく解説します。

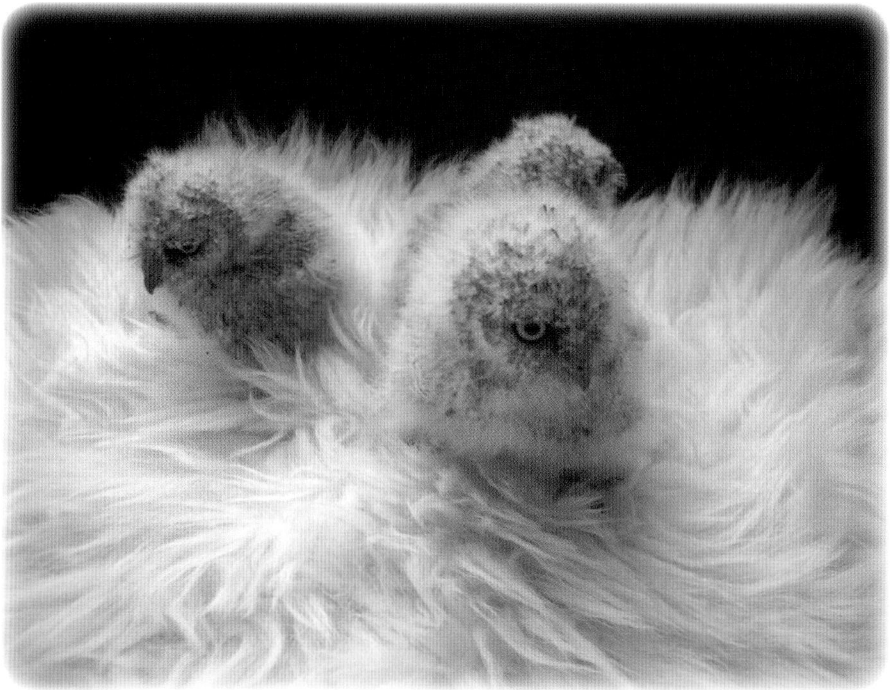

Chapter 7

飼育スタイル

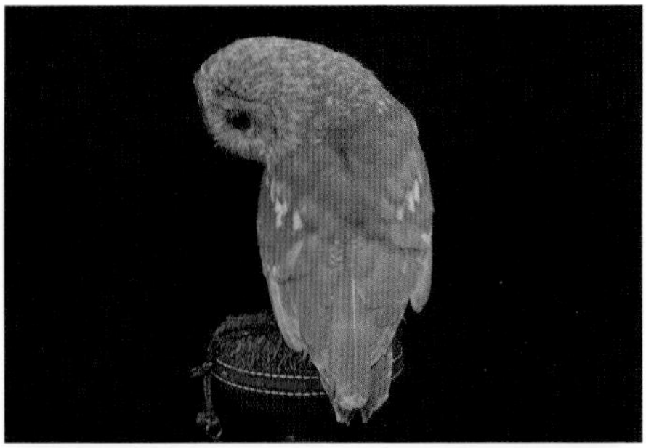

部屋で半放し飼い

屋内ケージで、部屋に半放し飼い

屋内のケージで飼育し、人のいる時間にのみ部屋へ放して共に過ごす飼育方法。部屋の大きさにもよりますが、小型種から中型種くらいまでの飼育が無難でしょう。ケージを用意せずに完全に部屋で放し飼いというスタイルにも憧れますが、人の目の届かない間の事故や逃走のリスクを考えると、ケージを用意しての飼育が推奨されます。

【屋内ケージ例】

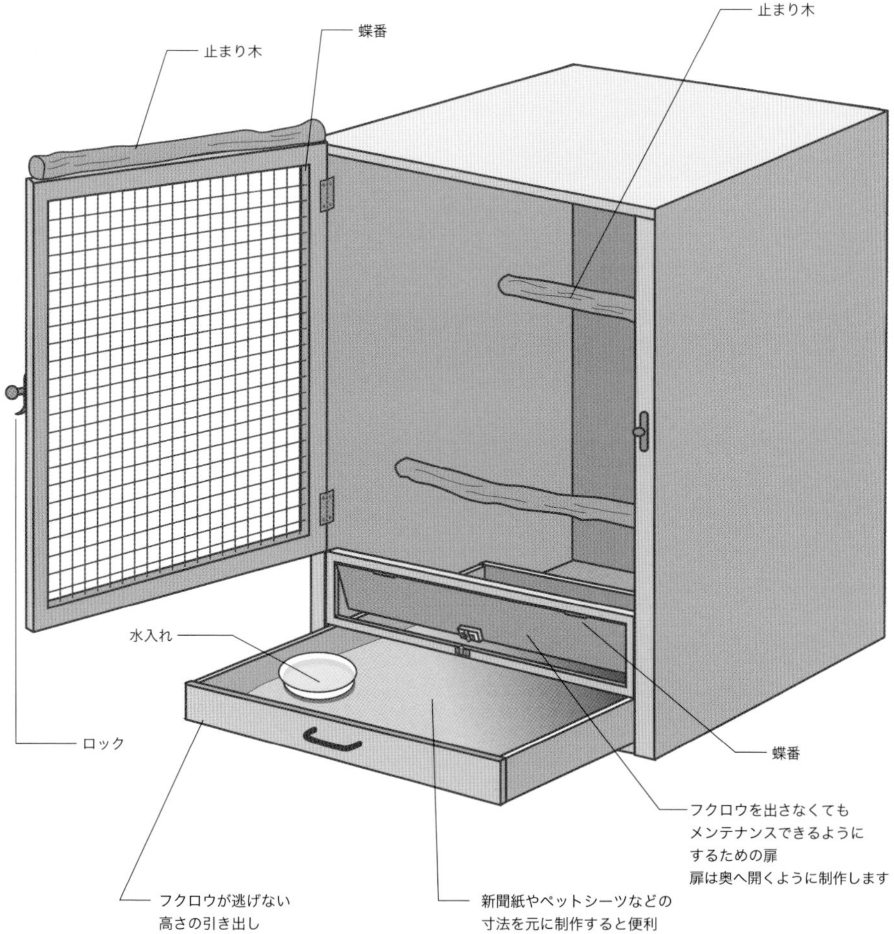

自作の屋内ケージ
開けた際、フクロウが扉やケージの縁に
止まることがあるので、突発的に閉まった時に
趾を挟まないような構造を心がけましょう

合板などで自作することになります。サイズの目安は、フクロウの翼開長よりゆとりのある横幅、設置した止まり木からフクロウの頭が着かない程度の高さは最低限確保しましょう。放し飼いする時間が多く取れない場合は、より大きく作ることを心がけるとベター。注意が上へ向き、しがみついたりしてしまうので、天板に金網を使用するのは避けます。横板や奥板に、通気孔などを開けるのもよいですが、その際は爪などが引っかからないように注意します。

上部扉

フクロウが出入りする扉。前面部は金網を使用することになりますが、編み込まれたタイプのものは爪を挟む危険があるので溶接されたものを使用します。しがみついた時に尾羽根や風切羽根を傷めることのないよう、横軸の少ないものが理想です。縦軸だけで自作するのもよいでしょう。

尾羽根の長い種類などには最適の縦軸のオリジナルケージ。
▼ 広がって頭が挟まる事故のないような強度の確認が必要

下段引き出し

敷材の交換用の引き出しを設置します。フクロウが逃げ出せない高さにしましょう。新聞やペットシーツなど、使用する敷材を基に

ケージサイズを決めると毎日の世話が楽になります。犬・猫用のアンダートレーを利用し、規格を併せて作ってしまうのも便利です。

中段扉

フクロウを出さなくても、水入れの交換や給餌ができるように設置します。低い水入れを使用し、下段引き出しで交換できる場合は省略できます。逃走防止対策にケージ奥に開くように設計するほうがよいでしょう。

止まり木

細すぎると爪で自分の脚を怪我することもあり、太すぎるといつも同じ場所に負担がかかることになります。概ね、握りが円周の70%ぐらいになるような止まり木を選ぶとよいでしょう。均一の丸棒よりも、天然木などを使用して場所によって太さが変わるのも有効ですが、その際のささくれなどには注意。止まり木の本数や配置はケージのサイズや各々の好みによりますが、1～2本とし、あまり複雑にさせないほうがよいでしょう。

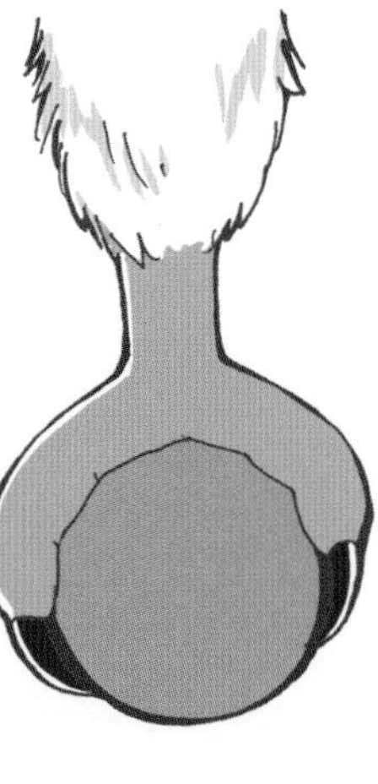

部屋で放している間の注意

自然木なら脚の負担軽減に期待ができます

部屋に放している間には、さまざまな注意点が出てきます。特に、屋内ケージを用意しないで部屋で飼育する場合は、逃走の注意を徹底しましょう。誤飲するようなものは置かず、止まられては困る・汚されては困るものはその上に棚などを設置し、掃除ができるようにしておきます。

- ガラスは認識できずにぶつかるので、レースのカーテンや格子などを付ける
- カーテンレールの上、エアコンの上などによく止まるので棚を作る
- タバコなどの毒物、アクセサリーといった金属など飲み込んで危険なものは出しておかない
- タオルや布などは、気に入って掴んでボロボロにしてしまうことも。糸などを誤飲してしまうほか、ほどけた糸が趾に絡み、最悪壊死まで引き起こす怪我になることがあるので注意

屋外禽舎

屋外禽舎

屋外禽舎での飼育は、コンパニオンバードとしては少し距離感がありすぎる気がします。人が中に入り込んで、フライト訓練や餌やりを楽しめるような空間にしてしまうのも一つの手ではありますが、その分の広さが必要となるでしょう。主に、WC個体を観察して楽しむ(間接飼育)、フライトをさせているフクロウの換羽に集中させるオフ部屋、繁殖という使用目的となるでしょう。

フクロウは木を齧ったり、つついたりの破壊行動をとらないので、木造で十分です。薬品で防腐処理された木材は、フクロウの接触するような部分での使用は避けたほうが無難。耐久度は落ちるものの、天然由来のオイルステインやニスで対応しましょう。金網部分は細いものでは簡単に噛み破ってしまうので、線の太い強度のあるものが必要になります。また、編みこまれたタイプでは爪や羽根を挟んでしまうので、溶接されたものが向いています。横軸の少ないものが理想ですが、広がって頭を挟む危険も出てくるので強度なども検討しておきましょう。金網のバリ処理も、しがみついた時に怪我をしないようにチェックが必要です。

ステンレス素材は耐久性にも優れるものの、かなり高額になってしまいます。予算に応じて検討してみましょう。

筆者の場合は、エキスパンドメタルにポリエチレンコーティングを施したものを使用しています。横軸の目は細かくなりますが、コーティングにより当たりがソフトなので、概ね羽根の傷みも見られません。大型種の場合は、木材を格子状に打ち付けて制作しています。この際、格子のすっぽ抜けを防ぐために、釘を使用せず木ネジでしっかりと止めることを推奨します。

換羽時に使用している屋外禽舎の例。二重扉は必ず設けましょう

格子は木ネジで止めておけば安心

逃走への配慮

屋外管理の最も注意すべき点は逃走です。簡易な構造は避け、二重扉を必ず設置するようにしましょう。バックヤードのスペースが確保できれば、餌やりや水の交換もスムーズに行え、餌やり·水交換口からの脱走も防げます。

害獣への対策

ネコやタヌキ、ハクビシン、アライグマなどの外敵の侵入も脅威になります。都心部でも油断はできません。掘って侵入できないように基礎からしっかりと組み、強度の強い金網や格子を使用しましょう。また、天井裏にも侵入されて住み着かれることのないように、軒下にも十分な対策をするとよいでしょう。

日照・高温の対策

真夏の直射や、高温に配慮します。風通しの良い構造を心がけ、飼育スペースよりも屋根を高く設置して直射の熱を防ぐようにしましょう。日照は午前中に程よく光が入り、午後は涼しくなるように、東向きや南向きがよいでしょう。状況に応じて遮光ネットや、すだれをかけて調整してもよいです。

水

水浴びができるサイズの水入れを必ず設置すること。排水システムを組めれば便利ですが、餌が詰まる事故も多いです。太いパイプで組むと、小型種の逃走や外敵の侵入も考えられるので、水入れを交換できる構造を選択したほうが早いでしょう。

自然の雨を飼育に取り込む構造もおもしろそうですが、木造禽舎だと耐久年数が著しく下がります。禽舎の1/4程度を金網で作ることも考えられるものの、木材との寸法規格が合わないことが多いので設計が難しくなります。また、繁殖など複数飼育の場合、苛められて雨の当たる止まり木しか止めさせてもらえない個体が出ることがあります。いろいろと予測を立てて設計してみましょう。

繁殖目的の屋外禽舎の例。バックヤードで全てが済む構造になっています。軒下の害獣対策にも注目

係留での飼育

係留して飼育する場合は、負担が均等にかかるように必ず両脚、左右対象にアンクレット・ジェスを装着します。長すぎるリードは、脚への余計な負担や絡まる事故を招くため、各係留パーチに合わせた適切な長さを心がけましょう。

フクロウの係留についての賛否は分かれるところではありますが、獲物を捕えるための爪を制御することと、フクロウの性質上、鳥かご飼育ではしがみついて羽根を痛めやすいことの問題点は解決できるはずです。

なお、屋外での係留は、逃走や害獣からの対策が必要となります。屋内との出し入れを想定しているのであれば屋根は必要ないかもしれませんが、全面を金網で囲うなどの対策は必要になります。

全面を金網で囲った係留施設

係留

アンクレット・ジェスを制作する

カンガルーの皮をホールごと買うとよくわかりますが、繊維の方向で伸縮強度が変わります。伸びにくい方向を長辺部分にして使用します。

アンクレットの作成

①フクロウのふ蹠部分に合わせたサイズに切り出します【写真❶】。長さは緩すぎず、きつすぎずを心がけ、ハトメ穴から穴までの長さにハトメの傘部分も引いた長さが内径となります。フクロウのふ蹠に対してやや角度がとれる余裕があり、握りこんだ趾(あしゆび)の半分から抜けないくらいが目安となります【写真❷】。幅は、フクロウのふ蹠の長さによるところが大きいです。負担を軽減するためには太く、脚のケアのためには細くのせめぎ合いになります。ふ蹠半分くらいが目安になりますが、使用するハトメがはみ出ないように注意。なお、使用するハトメは座金(ワッシャー)があるタイプのほうが引っ掛かりが少なく、仕上がりもきれいです。

②ハトメを通す穴をポンチで開けます【写真❸】。ハトメの凸部分の外径ギリギリか、気持ち小さい穴を開けるのがコツ。

③折り返して合わせ、引っ掛かりを軽減するために角を落とします【写真❹】。手先が器用ならば丸くカットするのもよいでしょう。

④負担を軽減させるために、ふ蹠に当たる部分に細かなスリットを入れたら完成です【写真❺】。

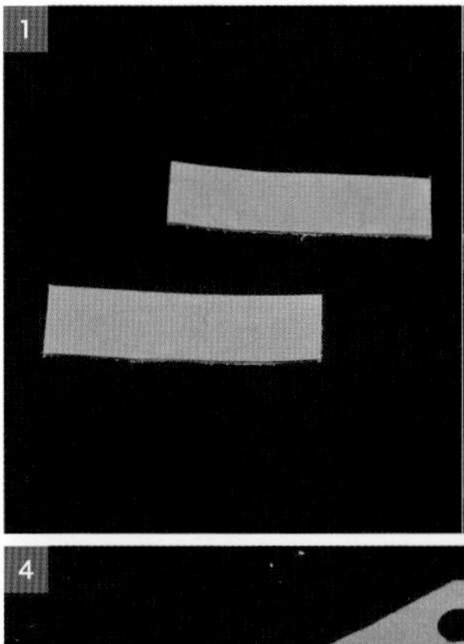
1

2

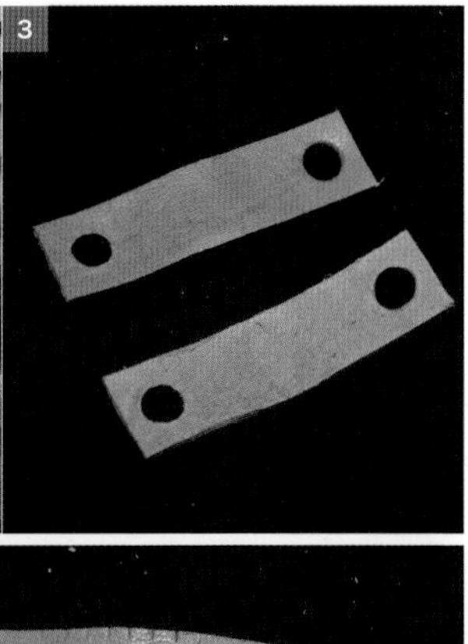
3

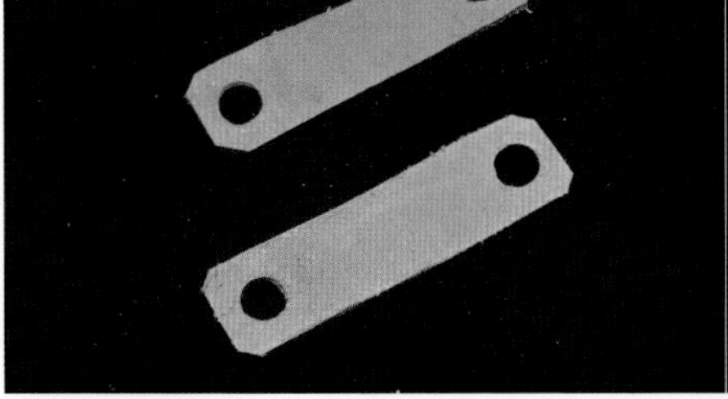
4

5

ジェスの作成

①長さはフクロウを拳に乗せた時をイメージし、人の手のひらの幅と握り出るゆとり部分、フクロウの脚幅に加え、折り返し作業部分と十分に取ります。幅はハトメ穴よりやや広く設定します【写真❶】。

②片側が正方形になるように表を山折りに2回折りたたみます【写真❷】。

③折りたたんだ正方形の真ん中に幅の半分程度の口径のポンチ穴を開けます【写真❷】。

④反対側をカットし、先端を尖らせておきます【写真❷】。

⑤カットした先端を穴に通して絞め、ネクタイの結び目のように表側を丸く仕上げます。フライト用ジェスはこれで完成【写真❸❹】。

⑥リーシュを通す位置先端に裂け防止用の穴を目の小さなポンチで開けます【写真❺】。

⑦穴からコブ方向に、リーシュを通すためのスリットを2cm程度入れます【写真❺】。

⑧完成【写真❻】。

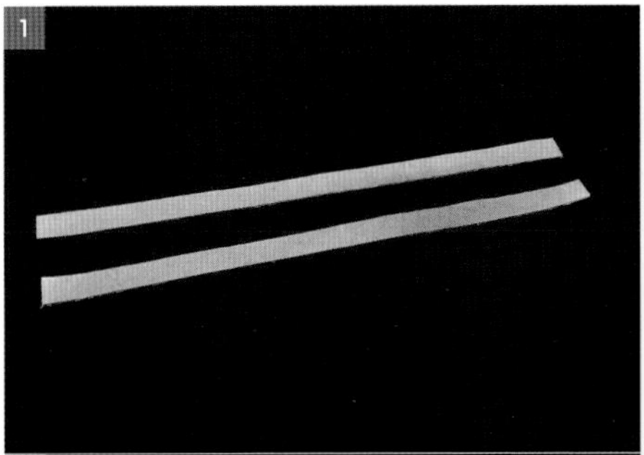

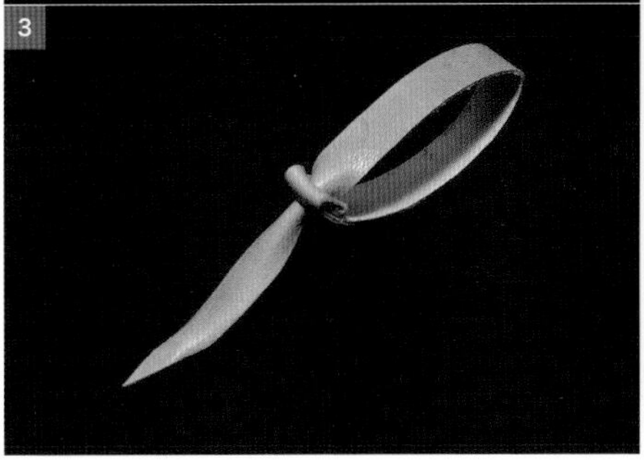

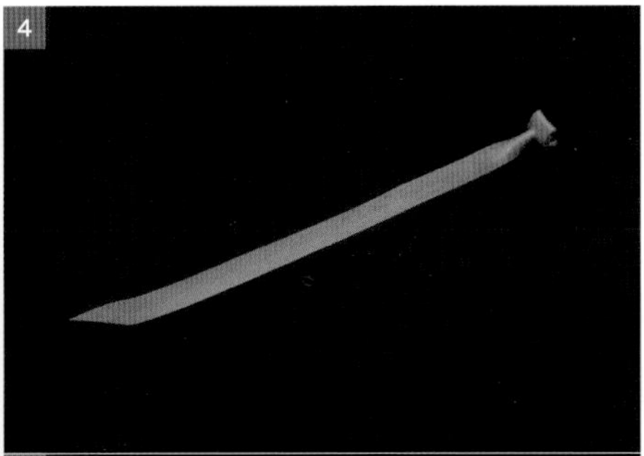

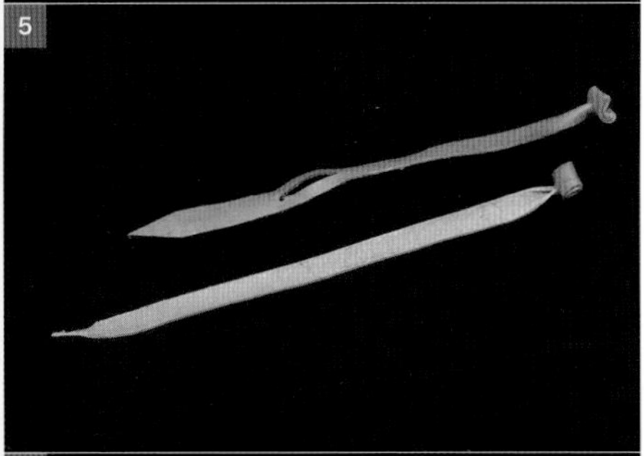

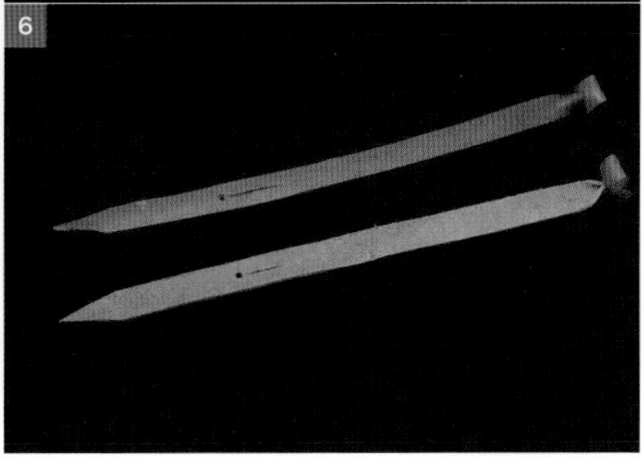

リーシュを作成する

使用する登山ロープは、チチワ部分が2～3mm、リード部分は6～10mm程度を使用すると扱いやすいです【写真❶】。スイベルは重要な部分なので回りやすく丈夫なものを使用しますが、フクロウのサイズに合わせあまり重くならないようにしましょう。

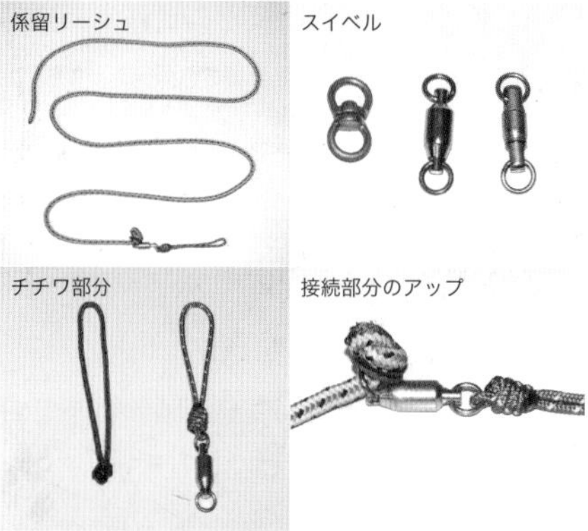

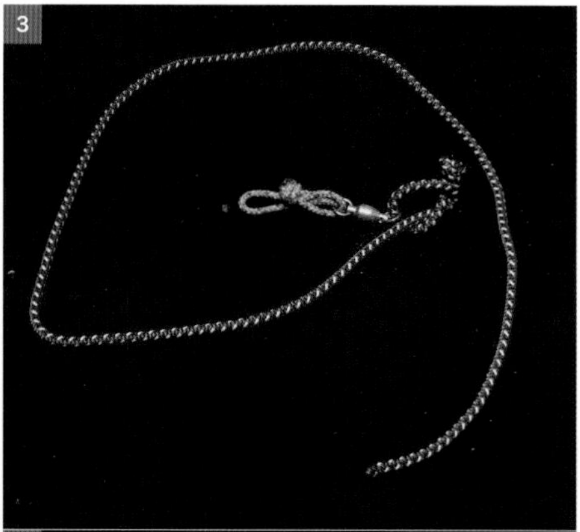

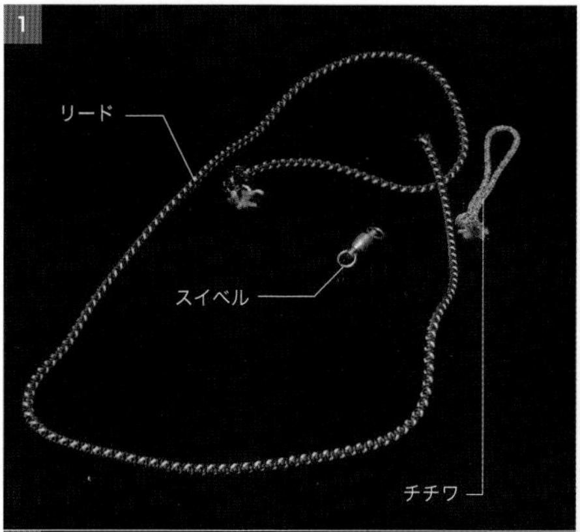

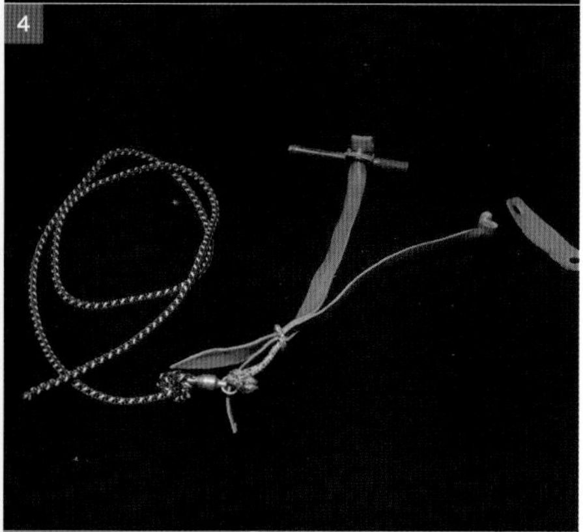

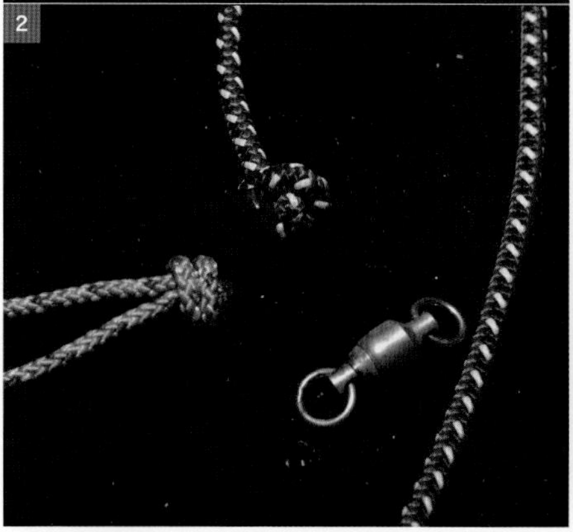

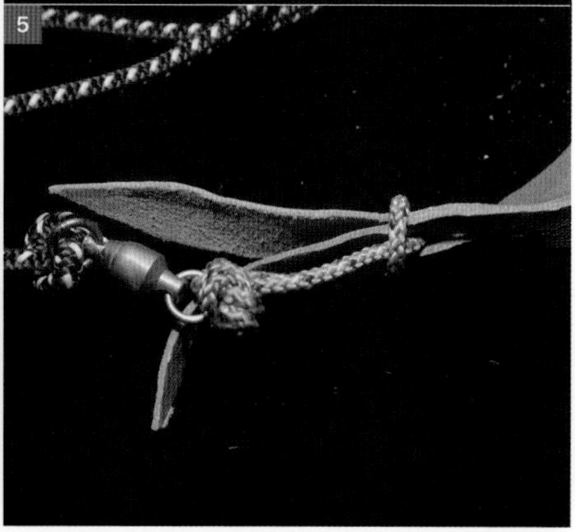

リード　コブ部分

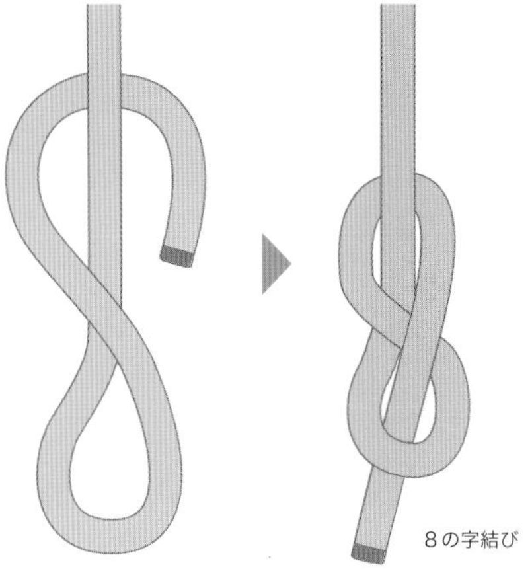

止め結び

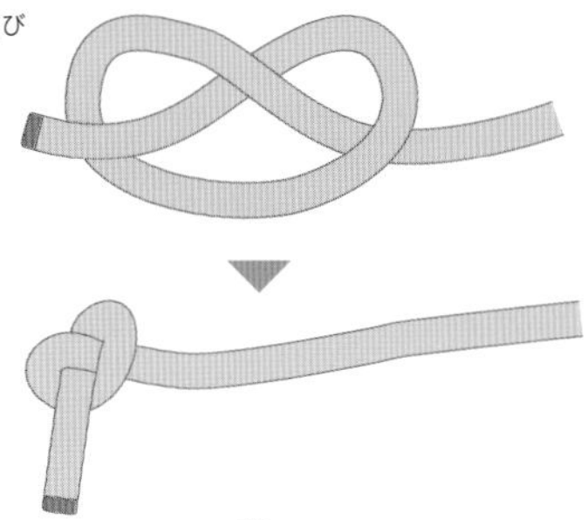

チチワ部分
二重止め結び

結び目はライターなどで熱処理をし、丸くします【写真❷】。

リード部分のコブは8の字結びなどで大きめに丸く作り、反対側の先端もほつれないように、ライターなどで熱処理を施します。

それぞれをスイベルのリングに通して完成。コブが大きければそのまま通すだけでもよく可動しますが、すっぽ抜ける事故を防ぐためには、チチワ部分は一周くぐらす、リーシュは片結びでスイベルのリングに装着すると安心できます【写真❸】。【写真❹❺】はジェスとの装着例です。

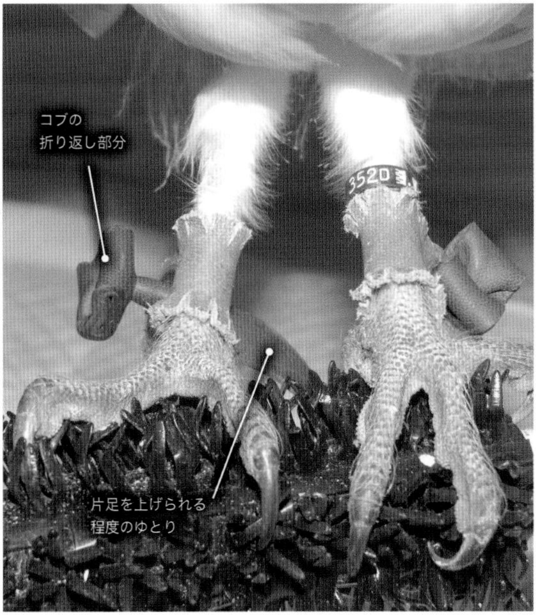

装着

馴れた個体であれば拳に乗せながら交換させてくれる場合もありますが、フクロウを保定して行ったほうが早い場合も多いです。始めのうちは2人で行い、慣れてくれば一人でもできるようになるでしょう。

保定はできるだけ短時間で済むように、作業の道具などはあらかじめ全て用意しておくようにします。

フクロウの保定

鳥類は踵部分が伸びると、掴む力が弱まる構造をしています。踵をコントロールできるように心がけましょう。保定は力強く押さえ込むのではなく、軽く優しく覆い被さるように押さえます。動き出しそうな素振りを見せたら、ゆっくりと落とし込むように力を入れます。

①翼を傷めないように包み込むように上後方より押さえ、指先でふ蹠を確保します。

②人差し指、親指でふ蹠を持ち、中指で脛の後ろから押さえ、3本の指で踵の動きをコントロールします。この時、翼を無理に広げないように、掌で可動を制限しましょう【写真❶❷】。

③腹面を上にひっくり返し、フクロウの背面を台や保定者の体に乗せて作業を行います。この際、タオルなどを軽く巻きつけておくと視界を奪えて拘束も効き、怖がらせなくて済む、もしくはあまり嫌われずに済みます【写真❸❹】。

保定の手順

慣れていない個体などは、羽根を畳んだ状態で、両脚と共に掴んで確保します

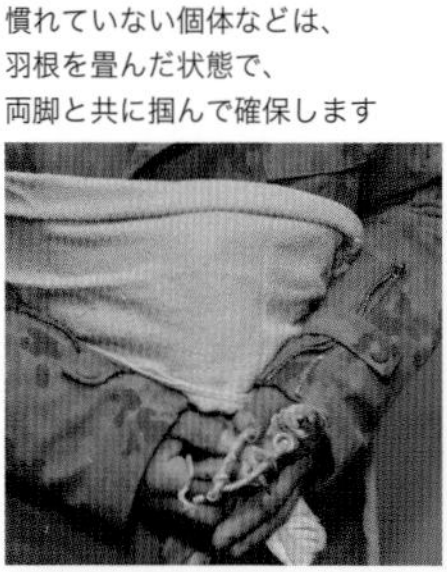

「保定がしっかりできていれば、タオルを巻きつけなくても両端を脇で挟むことで目隠しや咬みつき防止が簡易に行えます

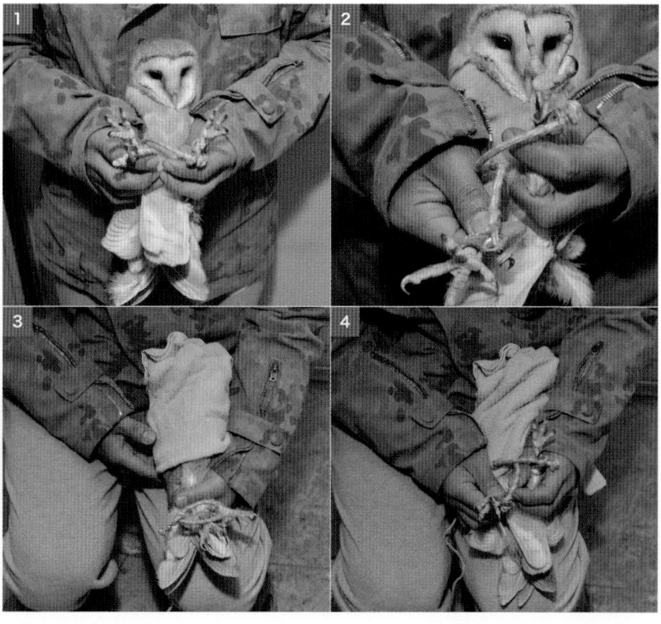

シロフクロウの保定

リーシュ先端を垂らしたまま
フクロウを拳に乗せないようにしましょう

アンクレットの装着

①片脚ずつ伸ばして、アンクレットをハトメで装着します。識別リング（脚環）が装着されている場合は、テンションがかかった時に直接脚部を傷めることになるので、必ずアンクレットより上にリングが来るように装着します。片手で使用できるハトメプライヤーを使うと便利です。アンクレットに開けた穴がハトメ凸部分の径にピッタリだと仮止めができて、作業もスムーズに行えます。フクロウのふ蹠は羽毛で覆われていることが多いので、ハトメを締めた際に羽毛を巻き込んでしまうことがあります。必ず1周させて回転を確かめ、羽毛を噛んでしまっていた場合は装着しなおすか、先の細いハサミなどで羽毛をカットするとよいでしょう。

②装着したアンクレットのハトメ穴にジェスを通します。この時、ジェスをなびかせた時にコブ部分が干渉しないように、進行方向外側よりそれぞれ通します。

③リーシュのチチワ部分をジェスの穴に通し、ジェスの先端とリード先端を一度くぐらせてから締め上げ装着完了。持って移動する際は、リーシュ先端部分を巻いて処理し、フクロウがばたついた時などに、絡まないように注意しましょう。

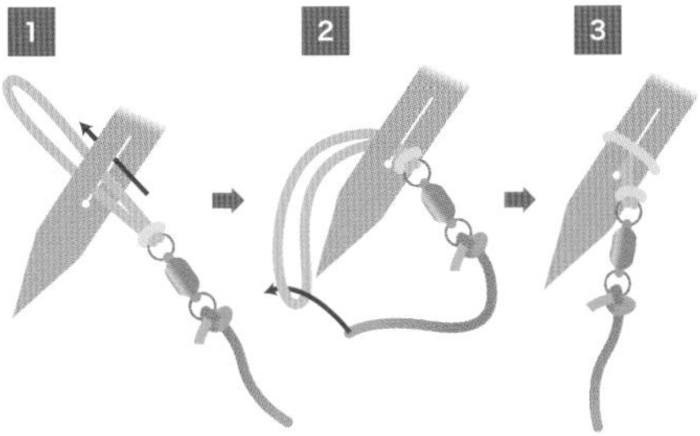

縛りかた

ファルコナーズノット（鷹匠結び）

片手でフクロウを乗せたまま、利き腕1本で結べ、解ける結びかたです。結びかた自体は単純であるものの、片手でやるには指先で手順を覚えてしまったほうが早いでしょう。

①結ぶ対象に通して、先端を左に払います

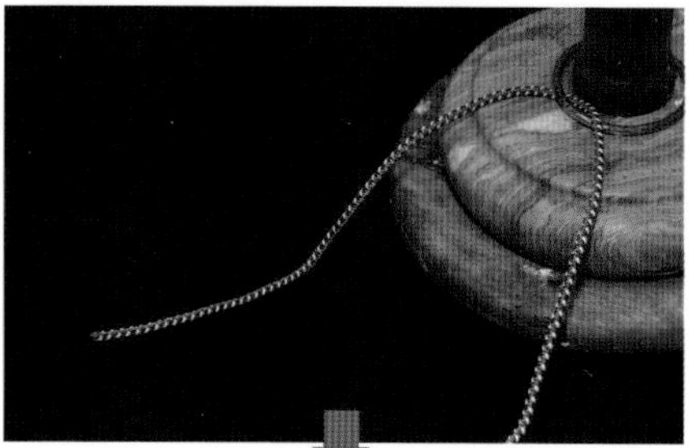

②親指を立てた状態で、払った紐を下から人差し指と中指の先端で摘みます

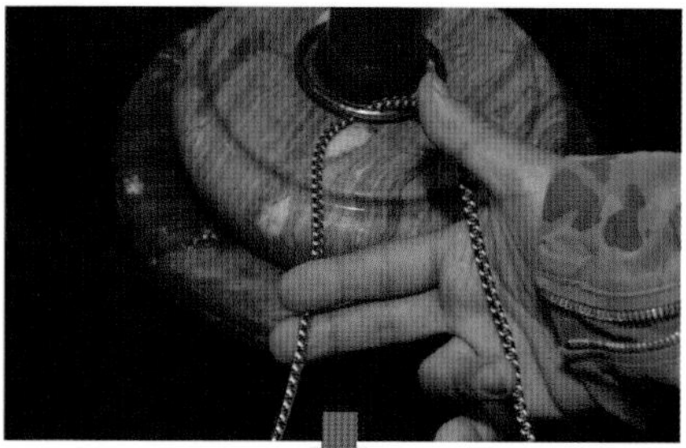

③摘んだ先を上から親指でしゃくり上げます

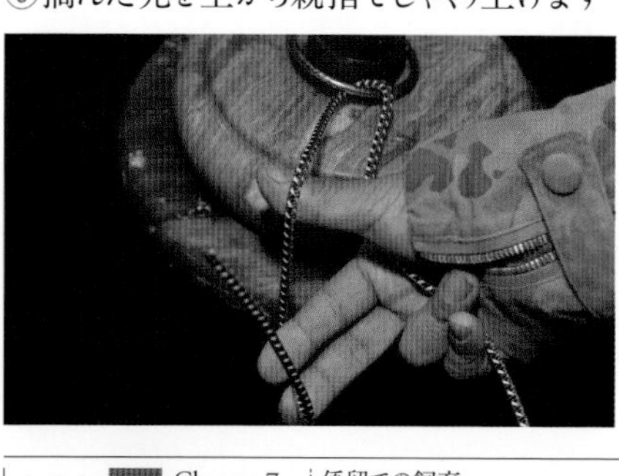

④掌を上に返します

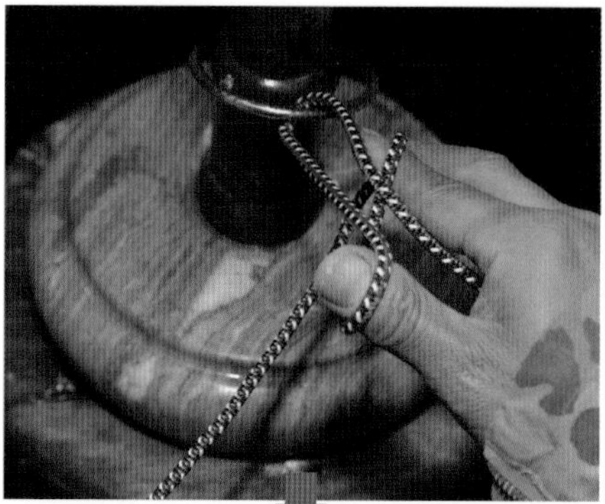

⑤親指によってできた輪に、指先で摘んでいた部分を上から通してさらに輪を作ります

⑥新たにできた輪に親指と人差し指を入れて、紐の先端を取り込みさらに輪を作ります

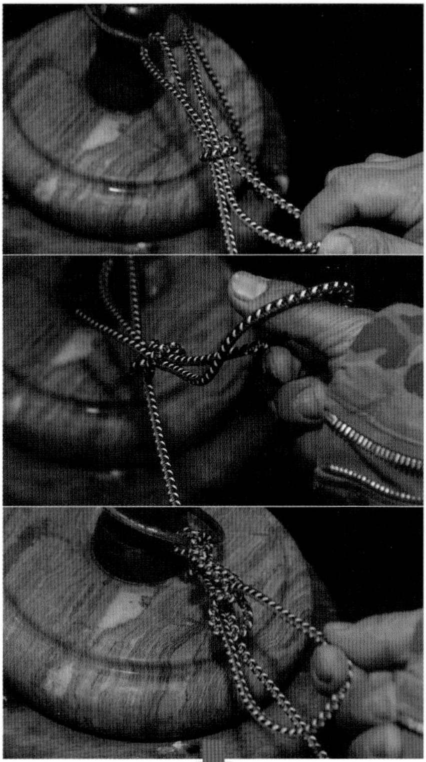

⑦⑥を2～3回繰り返し、最後は輪を作らないように先端の紐を引き抜いて完成

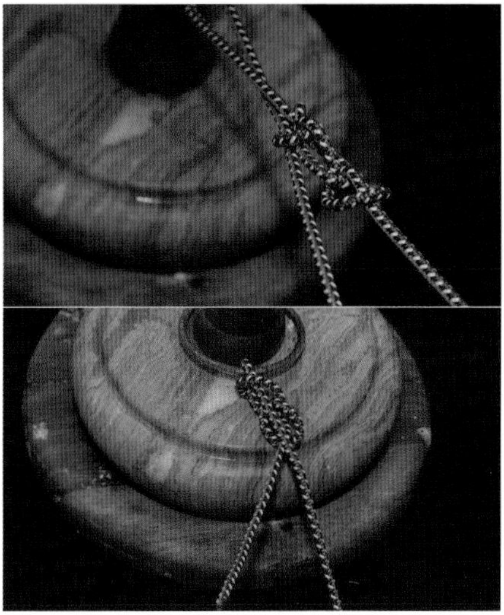

外しかた

ファルコナーズノットは、外すのにも片手で行えます。

①結び方⑦で引き抜いた紐を、最後の輪から取り出します。

②先端を持って引っ張ると、解けます。

係留して飼育するスタイル例

フクロウを係留するパーチにはさまざまな種類があります。どれにも長所・短所があるので、飼育スタイルや用途に合わせて複数を使い分けるとよいでしょう。どの種類でも、フクロウがばたついた時に移動してしまったり、倒れたりしない重量のものを選ぶようにしましょう。また、係留する際には結んだ部分を起点に、爪の届く部分でフクロウの移動できる範囲を確認し、その範囲全ての風切羽根の届く空間を把握しておくことが大切です。その空間には、羽根を痛めないように全ての障害を排除しておきます。

ブロックパーチ

主にハヤブサを係留するのに使うため、ファルコンブロックとも呼ばれます。屋内・屋外共に使用しますが、地面に刺すスパイクタイプのものは屋外専用となります。フクロウの止まる部分の形状もさまざまですが、円周が広すぎるものは羽根がぶつかり、小さいと跨いでしまう事故が多くなります。

また、止まる部分に人工芝などを置く場合は、端が出ていると羽根を痛め、紐が絡みやすくなるので注意。パーチ部分を凹ませて人工芝とツラを合わせる場合は、餌や水が溜まり不衛生になりやすくなるので、水抜き穴を作ったり、掃除しやすい形状を心がけましょう。紐の長さは、リングが持ち上がらない程度の長さが理想です。

メリット

- 商品が多く、サイズや形状を選びやすい
- 水入れを置くことができる
- 置き餌管理もできる

デメリット

- 屋外設置の場合は、地面に降りて羽根を汚しやすい（人工芝などを敷くのも有効）
- 可動範囲が広いので場所をとる
- 拳に乗せる時、360度逃げる選択肢を持たせてしまう

さまざまな
ファルコンブロック

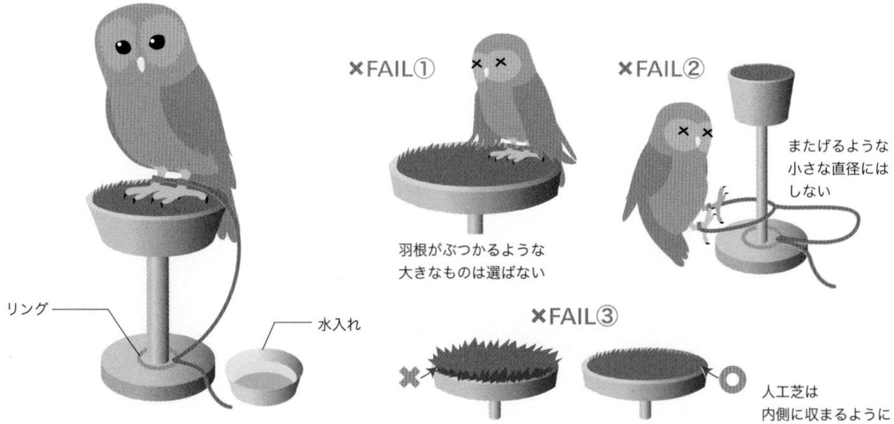

ボウパーチ

主にワシ・タカを係留するために使用され、弓状(ボウ)をしているためボウパーチと呼ばれています。止まる部分にはロープや皮を巻いて使用しますが、不衛生になりやすいので交換できるようにしておきます。人工芝などを巻く場合は、リングの可動が悪くなり、紐も絡みやすくなるので注意しましょう。紐の長さは、リングを持ち上げない程度の長さが理想です。小型フクロウ用に開発された「アウルパーチ」もこの部類に入ります。

- 商品が多く、サイズや形状を選びやすい
- 水入れを置くことができ、止まる位置・向く方向が限られるので、水を糞で汚しにくい

デメリット

- 屋外設置の場合は、地面に降りて羽根を汚しやすい(人工芝などを敷くのも有効)
- 可動範囲がブロックパーチよりもさらに広く、場所を取る
- 拳に乗せる際、逃げる範囲の選択肢が多い

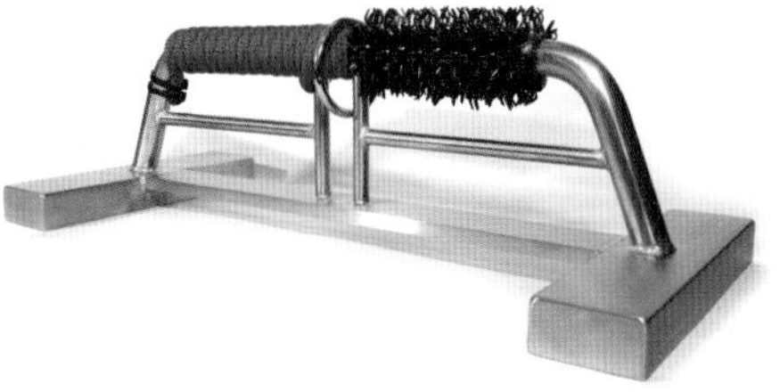

専門店オリジナルのボウパーチ。
適度な高さがありフクロウには使い勝手の良い製品

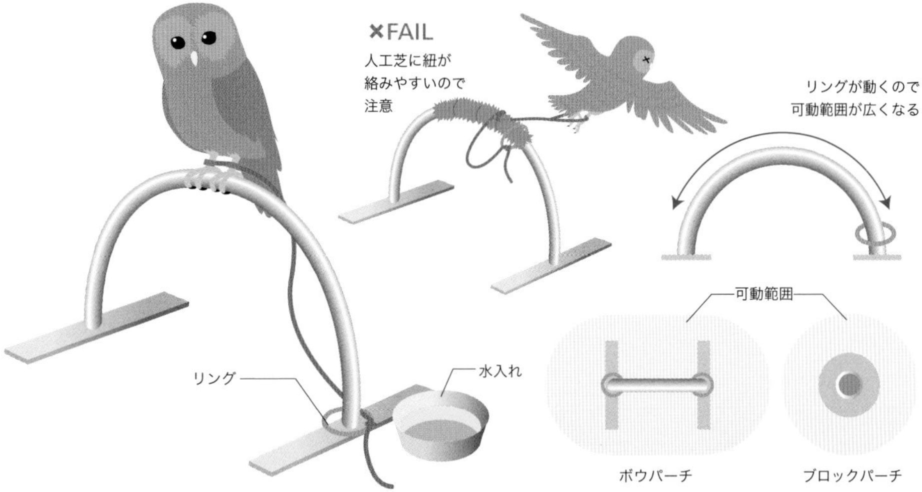

スクエアパーチ

日本では「ホコ」と呼ばれるもので、主にタカなどに使用されています。紐は長くすると、上がれない、絡みやすいとデメリットが多く、穴から出したスイベル部分より先を可動範囲とさせて使用します。フクロウが無理なく片脚を上げて収納できる程度に、ジェスやチチワ部分の長さで調整するとよいでしょう。この際、スイベル部分をナスカンなどで簡易的に係留・接続することはお勧めできません。噛み合わせるタイプのナスカンであっても、よじった場合外れてしまう事故が多いので、横着はせずに結ぶようにしましょう。

可動範囲が狭く、バタついた時はぶら下がることになるので、ホコ垂れと呼ばれる返しをつけ、一周するのを防ぎます。元来はゴザを使用していましたが、カーペットや薄いベニアなどで代用でき、また、衛生も保てるでしょう。最も事故の多いパーチであり、WCや若い個体だと、ぶら下がったまま死んでしまうこともあるので、必ず自力で上がれるのを確認してから使用を開始するようにしましょう。

メリット

- 可動範囲が狭く、拳に乗せやすい。訓練中の管理には向く
- 拘束感も強いが、選択肢が少ないので周辺を見せるなどの用途には向く
- 場所を取らないので、管理しやすい

デメリット

- 水入れを置けない
- ぶら下がるダメージが大きい
- 市販されているものが少なく、自作するしかない
- 止まり木の縦方向に跳ねることが多く、尾羽根の真ん中が傷む

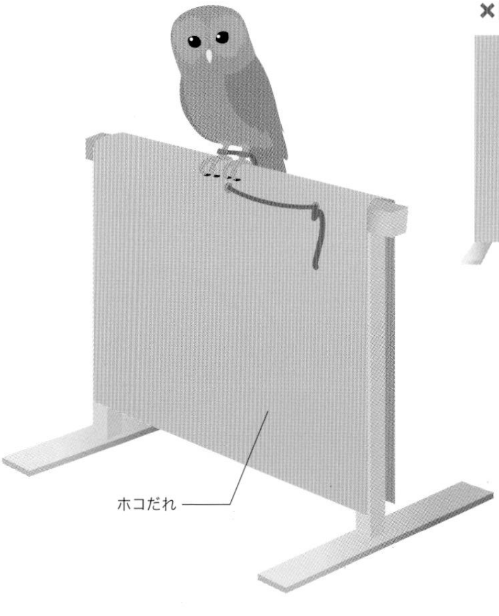

×FAIL①

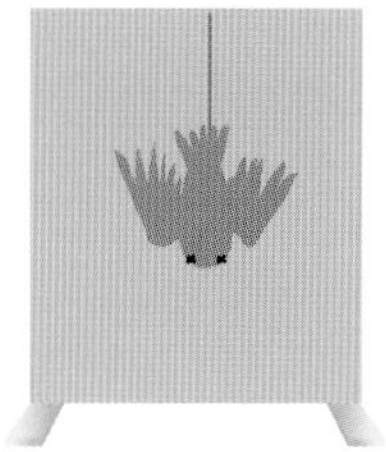

ぶら下がって死ぬ

×FAIL②

またぐ事故

×FAIL③

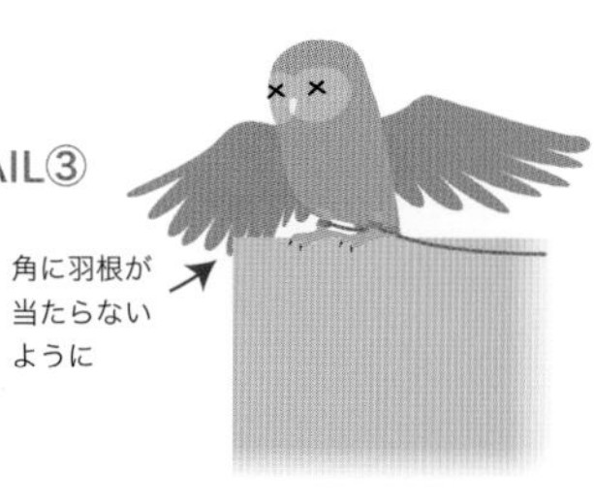

I型パーチ

杭が1本出ている形状のパーチ。ブロックパーチとスクエアパーチの中間的な位置づけになります。実際の杭を使用すると制作は楽ですが、その場合は屋外用になり移動ができません。係留するための金具は頂点か、すぐ下の脇に設置します。

メリット

- 可動範囲が狭く、拳に乗せやすい。訓練中の管理には向く
- 拘束感も強いが、選択肢が少ないので周辺を見せるなどの用途には向く
- 場所を取らないので、管理しやすい

デメリット

- 市販されたものはなく、自作するしかない
- 打ち込むと移動ができない
- 係留起点の金具などを頂点につけると、趾を挟んで怪我をしやすい
- 金具を脇につけると上がりにくいパーチとなる
- 水入れを置けない

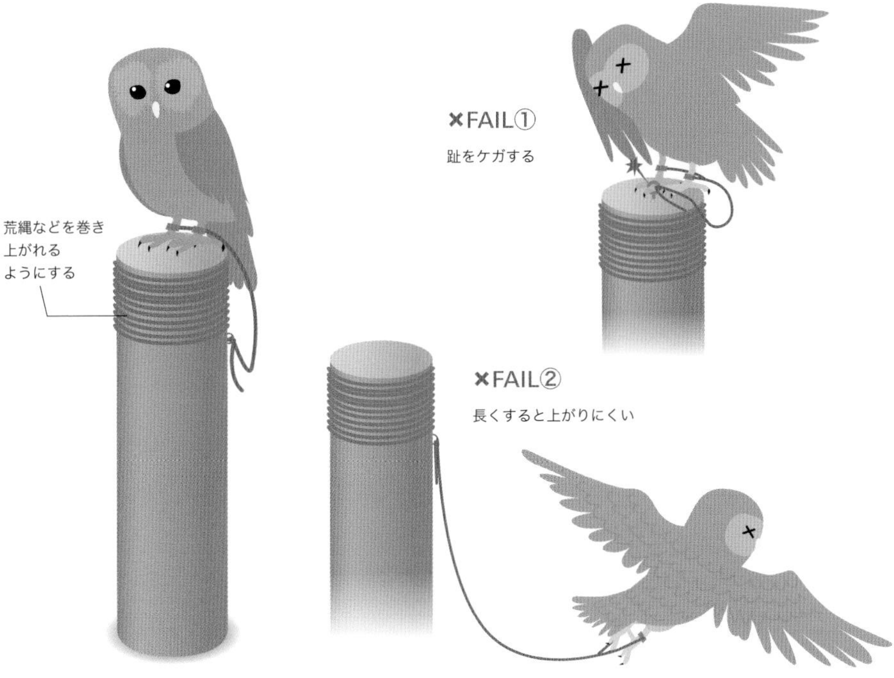

ビーム型パーチ

移動範囲の机上に、平均台の形状のパーチを固定したもの。フクロウの係留には一番向くと思われますが、自作しなければならないのと、フクロウに合わせて細かな調整が必要となります。尾羽根が触れない高さを設定し、机上の中に可動範囲が収まるようにリーシュを結んで使用します。DIYが好きな人には、部屋のスペースやフクロウに合わせて自由にカスタマイズできるので、楽しい作業の一つとなるでしょう。

メリット

- スペースに合わせた設計ができる
- ペットシーツなどで管理しやすく、糞のチェックがしやすい
- ほどよい可動範囲を調整できて、訓練にも飼育にもよい
- 水入れが設置できる

デメリット

- 市販されておらず、自作しかない

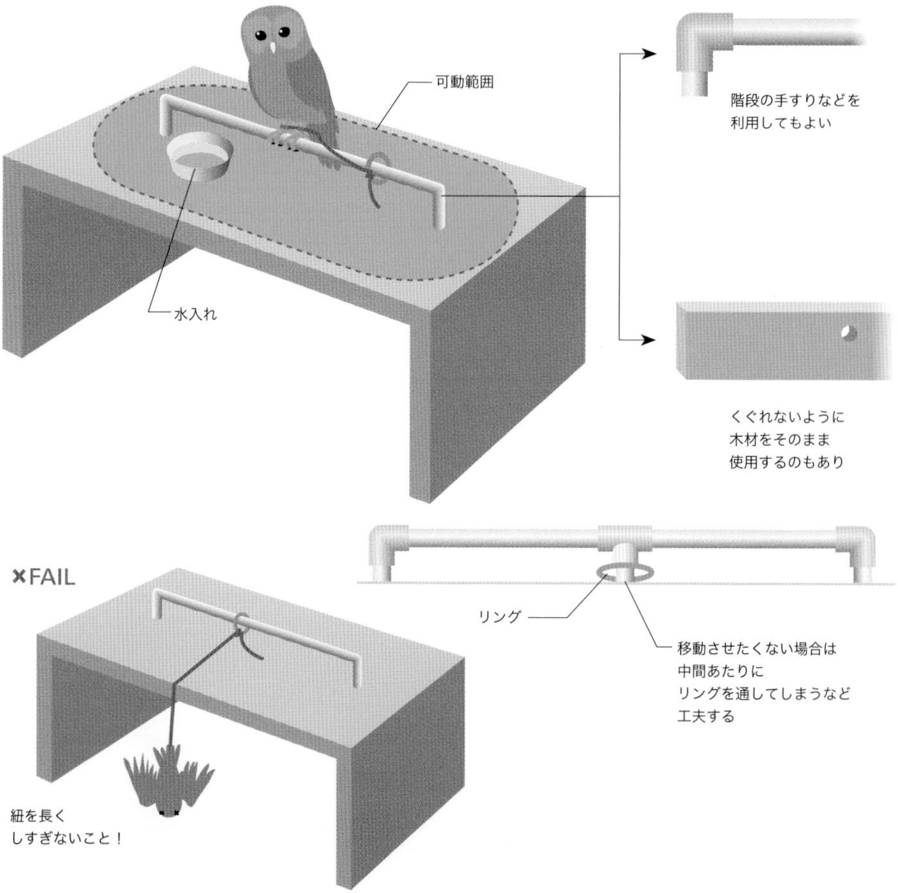

Chapter 8

飼育管理と繁殖

飼育管理

給餌

基本的に毎日1回与え、かつ決まった時間に与えられるように心がけます。複数回必要な種類・場合では、ペリットを吐くタイミング（およそ8時間から）を考慮し、ペリットを出してから与えるようにするのが望ましいでしょう。

餌の章で詳しく述べましたが、栄養とカロリーのバランスが取れた質・量を、ひと口大にカットした餌をピンセットなどで与えます。フクロウを健康的に維持できている場合は、10日に1回などの定期的な絶食日を作ることも検討できるでしょう。

胃腸を休めたり、飼育リズムにメリハリをつけることが期待できます。この場合は、絶食後の体重を先読みできるような、日頃の体重管理ができていることが前提となります。

旅行や出張など飼育者都合でやむを得ない場合を絶食日として充てるのもよいでしょう。ただし、2泊以上ではペットショップに預けるか、誰かにシッターを頼むことになるので、普段からの準備も必要になってきます。

水

必ず新鮮な水を毎日飲めるよう、水入れを用意します。フクロウは、餌からの水分補給で十分と言われていますが、夏場の屋外や、乾燥した冬の部屋などでは頻繁に水を飲みます。飲まない個体であっても選択肢として用意してあげるとよいでしょう。特に、スクエアパーチといった水を与えにくい係留飼育では、慢性的な水分不足が懸念されます。スクエアパーチに水入れを引っ掛ける形状は、羽根を痛めたり、紐の絡まる事故などから推奨できません。水を浅く張ったボウルを口元に近づけてみる、霧吹きで嘴を濡らしてみるなどして、欲しがるようならそのまま水を与えるような工夫が必要です。ボウルから水を飲ませるのを覚えさせるには、水の中に餌をひと口落とすとよいでしょう。水を与えることのできるパーチに係留する時間を設ける、というのも一つの手段です。

体重管理

コンパニオンバードとして飼育するうえでは、必須の管理になります。必ず毎日、給餌前の体重を測定し記録しておくとよいでしょう。この時、与えた餌の総量や質も併せて記録し、どのような体重変化をもたらしたか日々の管理で把握しておくようにします。その他にも、気温や条件などの情報も記録しておくと、より体重管理が精密なものになります。係留しているフクロウは、拳から体重計に乗せて計測しやすいですが、放し飼いをしている場合は、ひと口めの餌を体重計の上で与えて乗るようにすると計測が楽に行えます。また、間接飼育している場合や繁殖目的の場合は毎日の計測は難しいので、大掃除や健康チェックのタイミングでの計測データを残しておくとベター。段ボールなどに入れて、総重量を差し引く方法で測定できます。どの体重がベストかは、同じ種類でも個体によって開きがあります。記録を毎日つけて、その個体のベスト体重を探っていく、というのが正しい方法になります。

毎日の飼育記録は大切な思い出にもなります

掃除

毎日の糞掃除は健康チェックのためにも必要になります。毎日の掃除と、定期的に行う大掃除とを分けて行うとよいでしょう。大掃除の際は、フクロウを別の場所に移動しておけると気兼ねせずに集中できるので、別途パーチなどへ係留しておきましょう。

屋内管理であれば、新聞紙やペットシーツの交換がメインの掃除になります。飼育ケージ周辺には、粉綿羽(ふんめんう)の粉を落とし、特に換羽時期は古い羽根や羽鞘(うしょう)の破片を落とすので、部屋は粉だらけになり掃除が必要になってきます。ただ、キリがないものではあるので、掃除機を嫌がるフクロウのためにも、日に1回程度と諦める器量が必要になります。なお、エアコンにも粉や綿毛が吸い込まれているので、フィルターの掃除もまめに行っておくとよいです。ちなみに、筆者が育雛している施設では、インプリント時期に掃除機の稼働音をまめに「聴かせる」ことにしています。はたして飼育されている先で掃除機を受け入れてくれているかまでは、残念ながら調べていません。

定期的な大掃除では、止まり木やケージ内の少しずつ溜まっていく餌の汚れの掃除をし、必要があれば交換をします。こびりついてしまった糞(というより白い尿酸部分)はタチが悪く、全てきれいにするのは、材質にもよりますがほぼ不可能です。ガムはがしのヘラを使用して削ぎ落とすことになりますが、この時マスクを着用し、粉塵を吸い込まないようにしておくとよいでしょう。この際、ケージの裏に溜まった白い粉の一掃もしてしまいましょう。

屋外での掃除は、糞や餌の残りがあれば竹ぼうきなどで掃きます。人工芝を使用している場合は複数枚を用意して定期的に交換し、よく洗い流して天日で乾かしましょう。大掃除の際は、汚れているようなら土や砂を入れ替え、汚染を除去します。止まり木などは水をかけ流してよく洗い、清潔を心がけるようにします。

繁殖禽舎での清掃は、基本的に行わないことになります。繁殖期以外でもまめに掃除をしてしまうと、人が近づくだけで警戒してしまい、繁殖行動にも影響が出てしまうでしょう。健康診断も兼ねて徹底した大掃除を繁殖期前、繁殖期後の2回程度で済ませるようにするとよいでしょう。その分、掃除を少なくしても耐えうるスペースの確保が最も重要になってきます。

止まり木・止まり台

【Chapter.7　飼育スタイル】でも紹介したように、原則としては、1カ所に極端な圧力がかかるような形状は避けるべきです。止まり木は細すぎず、太すぎず、目安としては、フクロウの握った爪の先から先までが、木の円周の60～70%くらいになるものを用意します。ささくれや小枝を除去し、脚裏を傷つけることがないように処理をしておきます。荒く硬い材質の天然木なら、嘴や爪の徒長を抑えることも期待できます。

止まり台として平面に使用する場合は、さまざまな素材が試されています。よく使用されているものでは、硬いタイプの人工芝や、糸のほつれのないパンチカーペットが挙げられます。硬いタイプの人工芝には、底に穴の開いたジョイント式のものと、ターフと呼ばれる穴の空いていないものがあります。穴の開いたタイプは、糞などを溜め込みにくく体を汚しにくいので、輸送ケージなどに敷く場合に向いています。ターフでは、屋外で地面に接触の機会のある係留では、行動範囲に敷きつめることにより、寄生虫を媒介とするようなミミズなどのつまみ食いを防ぐ効果もあるでしょう。脚裏に一定の圧力をかけないので好まれますが、羽根を擦って痛めたり、削る行為ができないので、嘴や爪の徒長などのデメリットも多くなります。

スクエアパーチでは、止まり木部分からそのままホコ垂れに使用できるため、糸ほつれのないパンチカーペットが好まれています。柔らかいタイプの人工芝やその他のカーペットは、切断箇所や破れかかったところから糸がほつれて絡まる危険もあるので、十分に観察しながら使用しましょう。

これらの素材の工夫は、脚元を清潔に保つことを目的としています。交換や水洗いで対応できるように設計しておき、デメリットである嘴や爪の徒長はメンテナンスで対応していきましょう。

飼育例

敷材

屋内ケージ、輸送箱の中またはパーチ下に、敷材をおくことで掃除をしやすくします。新聞紙やペットシーツを利用し、糞のチェックができるようにしておくと便利。個体の中には敷材を破ることを覚え、はては誤飲する場合も出てきます。真夜中にいつまでも新聞紙を破かれるのは人側の大きなストレスにもなるので、敷材の縁が出ないように外枠を作ってしまうのも一考でしょう。

敷材の外枠

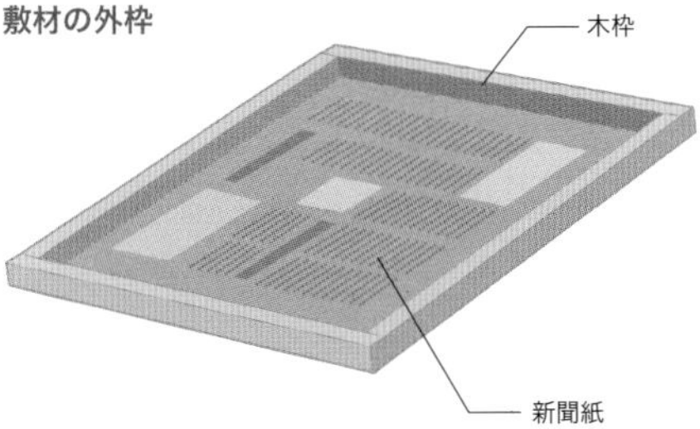

屋外の場合、パーチ管理は先述しましたが、禽舎の地面はそのまま土か、水はけを期待して川砂・山砂がよいでしょう。ミミズ対策に玉砂利のアイデアもありますが、掃除がしづらく不衛生になりやすいことと、誤飲がないとは言い切れないので推奨しません。筆者の屋外禽舎の場合、年に一回、大量の山砂を入れ替えることで掃除も兼ねています。

温度

快適に過ごせる温度は、およそ人と同じ温度帯でよいと思われます。適しているのは15～25℃ぐらいでしょうか。フクロウは高温に対して非常に弱いので、特に夏場は注意が必要になります。口を開け、喉元をヘコヘコしていたら暑がっているサイン。そうなる前に涼しい場所へ移動してあげましょう。また、屋内であっても、特に窓を締め切った夏の部屋はフクロウにとっては危険な温度となり得ます。人が留守の間の温度も必ず把握しておき、必要に応じてエアコンをかける必要があるでしょう。真夏に限らず、6月でも暑い時はあるので、早めに対応できるようにしておきます。

寒さに対しては耐性がある種類も多いですが、大型種以外の冬の屋外は注意が必要です。屋内管理では、熱帯性の種類を除けば積極的な加温は必要なく、人が過ごせる程度なら問題ありません。しかし、寒い時期は体を温めるためのエネルギー消費量も増えるため、餌量を多く与える必要が出てきます。小型種などでは、与えた分以上のエネルギーを使えば痩せていく、ということになるので、状況に応じて加温してあげるとよいでしょう。

日照

夜行性のフクロウということで誤解も多いですが、フクロウでも日照は大事な要素の一つになります。自然下でも、寝ている時には木漏れ日などの恩恵を受けていることでしょう。シビアな紫外線量の計算は必要ありませんが、屋内飼育のみの場合は、レース越しの日照がケージに入るなどの工夫は必要になってくるでしょう。屋内ケージの内部に紫外線の出る蛍光灯を常設するのはお勧めできませんが、弱い紫外線灯を使って部屋で放している際のお気に入り場所などを照らすのは有効であると思われます。係留飼育であれば、少しの時間を屋外に繋ぐことも検討してみましょう。

一方で、屋外飼育での日照は別の問題を含んできます。直射日光による熱射に非常に弱く、たとえ5〜10分の間でも、熱射病によってフクロウはあっけなく死んでしまうこともあります。真冬以外の直射日光は避けるべきであり、遮光ネットで十分に光を和らげましょう。この時、最高最低温度の記憶できる温度計を設置し、光と温度を調整してあげるとよいでしょう。午前中の柔らかな光を浴びて、午後からは明るい日陰になるような場所が理想的です。

紫外線の他にも、日照は生理活動にも重要になってきます。日照時間の長さで季節を感じていると思われ、繁殖や換羽の重要な要素となっています。屋内飼育では夜間も明るい時間が多く、換羽不全の症例が多く見られるのはそのためです。フクロウに合わせて消灯を早くするのも難しいですが、ある程度コンパニオンバードとして双方の歩み寄りがほしい部分です。朝日を積極的に取り込み、変化を見せてあげるなどの対応をしてみましょう。

湿度

特に湿度の設定は気にしなくてよいですが、呼吸器系の病気を誘発しやすいので、極度の多湿、極度の乾燥は避けましょう。屋外においては、下草を刈り取り、ジメジメした環境には晒さないようにします。常に地面が濡れていると、接触している風切羽根や尾羽根の先端が溶けてボロボロになってしまうこともあるので注意が必要です。

水浴び

好む好まないは種類にも分けられますが、個体によってしない場合も多いです。体よりやや広めの円周に、ふ蹠が浸かる程度の水入れで試してみましょう。水浴びを始めると、気の済むまでバシャバシャやることになるので、防水シートや風呂場で行うなどの対策をしておきます。

砂浴び

種類によっては砂浴びをすることがあります。本来は体表に付いた外部寄生虫を落とすための行動です。屋外禽舎などではその痕跡を見ることがありますが、屋内管理で筆者は残念ながらまだ見たことがありません。乾燥した細かい砂や、顆粒状の土などで試してみるとよいでしょう。屋内での使用ではチンチラやプレーリードッグ用の砂浴びキットや、ドーム型になったネコのトイレを流用し、飛び散るのを防止するといいかもしれません。たとえ、一向に砂浴びをしてくれず、砂浴び商品が山高く積まれることになっても悲観しない気持ちでいましょう。

季節での管理

春

フクロウの繁殖期となります。適齢期が来たフクロウは、繁殖相手と決めた伴侶以外には悪態をつく場合があります。この時期に雛が流通し始めるので、お迎えにあたっては準備を済ませておきます。繁殖期を終えると換羽が始まるので、栄養価の高いバランスよい給餌を心がけましょう。

この時期の絶食や過度のストレスは、美しい羽根の成長の妨げになるので、十分に配慮します。特に、フライト訓練をしているフクロウは小屋などに放すことで、休息を取らせてあげるのもよいでしょう。屋外飼育では、突発的に真夏日並の暑さになることがあります。遮光の準備は早めに済ませておくと安心です。梅雨の時期は高湿度に注意し、屋内ではエアコンの清掃、屋外では下草の処理を行っておきます。

夏

屋内外問わず、熱中症や日射病に注意し、必ず新鮮な水が飲めるようにしておくことが大切です。また、過度な日照は新しい羽根を退色させるので、調整してあげましょう。餌の衛生管理を特に努め、食べ残しは速やかに除去するようにします。屋外では蚊に刺されないように、防虫ネットや防虫プレートなどの設置も検討するとよいでしょう。

秋

フライト訓練には最適なシーズンです。繁殖を考えているのであれば、この時期の健康状態が成否に繋がるので、しっかりと基礎体力をつけておくようにします。しかし、太らせすぎには注意が必要です。

冬

エネルギーの消費が増えるので、餌量に注意します。屋外飼育では夜間を屋内へ、もしくは屋内飼育へ移行させます。繁殖期を控え、適齢期のフクロウはそろそろ大きな声で鳴き始め、伴侶と決めた飼い主以外の住人に悪態をつき始めるかもしれません。

繁殖

繁殖は飼育するうえでの醍醐味の一つです。しかし、いたずらに繁殖させることや商業的な補充卵を産ませての繁殖は、本書ではお勧めしていません。商業的な繁殖では採卵して管理し、補充卵やクラッチを重ねることで雛を多く得ることになりますが、母体の徹底的な管理のほか、卵から孵化後の管理には多くの専用機器が必要となります。また、孵化後2週間ぐらいまでの管理不備によって、骨に異常のみられる雛をよく目にすることがあります。本書では親に孵化・育雛をしてもらい、2週間を目安に取り上げ、人とのデュアルインプリントを狙う方法を紹介していきます。

種親の雌雄の判別は体重や大きさを当てにせず、DNAによる雌雄鑑定を行います。血液を採取することになりますが、爪の先からの採血は餌の血による誤判定もあるため、翼下静脈などからの採血のほうが確実です。一般では難しいので、DNA鑑定自体を獣医師に依頼するとよいでしょう。

繁殖用の禽舎・ケージは通風を確保しつつ、バックヤードに餌投入口、水交換口、採卵口を集約して作成します。どのような形状が繁殖しやすいかを探るのが醍醐味の一つですが、掃除をしなくても済む規模のサイズにしておいたほうがベターです。巣の形状も、種類によって工夫のしどころですが、概ね木のウロをイメージして口を小さく設計し、バックヤード側から取り出せるように開閉口を設置しておきます。産卵床は、フクロウは巣材運びをしないので、ヤシガラなどを敷き詰めて様子を見てみます。めでたくペアが揃ったら、まずは体力を備えさせ、健康に問題がないか管理してから禽舎に入れることになりますが、導入後は事故のないように注意深く観察しましょう。特に、すでに飼育している禽舎に相手片方を導入する場合は、元々いた個体が相手を殺してしまう場合もあります。よく観察し、場合によっては隔離できる準備をして臨むとよいでしょう。そして、餌が行き届いているかを確認し、始めのうちは多めに与えます。うまくペアリングできたら、デュアルインプリントの特別な場合を除いて、できるかぎり接触を避けるように心がけます。具体的には、日常の餌やり、水交換をすばやく行い、覗き穴からの健康チェックのみを行います。

冬から春にかけて、メスが巣に入り卵を産み始めます。種類や産卵数にもよりますが、産み始めてから1カ月半ほどで孵化が始まるので、雛が鳴き始めた日をチェックしておきましょう。およそ2週間を目安に親に育ててもらい、その期間の餌量は雛の分を見越して多めに与えるようにします。ここの見極めが難しいですが、刺激せずに覗いてみて、目が開いて少し経ったくらいの雛を採卵口より取り出します(カメラで監視すると便利。カメラ付インターフォンなどはどうでしょうか)。取り出した雛のふ蹠部分に、識別用のリングを装着します。これはマイクロチップの代わりになるので、識別リングの着用を推奨します。第2趾から第4趾をまとめてリングを通し、第1趾と共にふ蹠上までリングを移動させてから、第1趾を抜いて装着させます。もちろん、抜けないサイズのリングの装着させることになりますが、踵よりも上にもいかないサイズを選びましょう。注文してすぐに届くものではないので、繁殖を計画したら、前もってリングを用意しておくようにしましょう。

繁殖用の禽舎例

繁殖用の禽舎例
（以下、猛禽屋／ジャパン・ラプターリサーチの繁殖施設）

育雛器

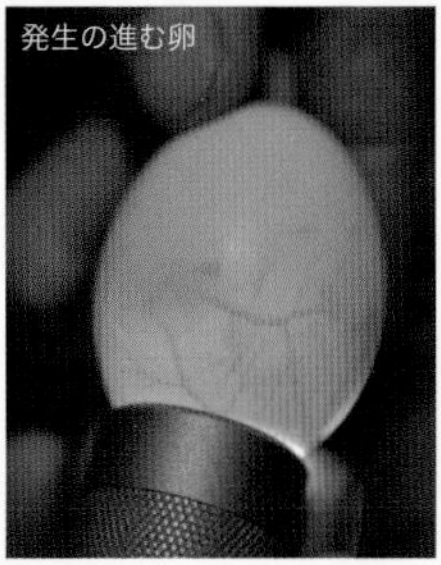
発生の進む卵

孵卵器（イギリス製）

孵化

雛の管理

脚が滑らないように、底の丸いボウルなどにティッシュを敷き詰め、28〜30℃くらいの温度で管理します。育雛器があるに越したことはありませんが、段ボールに入れて遠赤外線のヒーターなどを上から照射し、温度を調整してもよいでしょう。みどり商会の「暖突」が便利です。この時、パネルヒーターで底面からは温めないこと。フクロウはそのうを持たず、腹下の胃に直接餌が行くため、底面から温めると消化より早く餌が傷んでしまうことがあります。餌はマウス、ウズラ（できれば活きた餌が理想）を骨ごとミンチにし、その都度用意します。冷凍保存する場合は1回分を小分けして冷凍しておきましょう。ヒヨコも口に合わせて小さく刻み、ペリット誘発に少量使用します。傷みが早いので冷蔵保存を過信せず、必ずその都度用意、解凍できるようにしておきます。

大きさにもよりますが、2週間くらいでは一日3〜4回を基本とし、ペリットを考慮して6〜8時間おきに少量ずつ餌を与えるようにします。あげすぎず、少なすぎず、を念頭に体重の増加をチェックし、成長につれて1回に食べられる量が増えてきたら餌の回数を減らし、温度も段階的に下げていきましょう。

孵化後2週間程度から「安心」できる骨格になってきますが、それでも栄養不足や慢性的な餌量不足などにより、骨が脆く、曲がっていたり、骨折をしてしまっている雛や、脚が開いたまま固まってしまっている症例をよく耳にします。障害を持ったまま生きていくことになるので、安易な育雛管理は避けなければなりません。

成長不良からくると思われるX脚

1カ月もすれば歩き廻り始め、綿毛の中にストロー状の羽鞘（うしょう）が目立つようになってきます。部屋中を探検し始めるので、先回りして危険なモノを排除していきます。抜け始めて舞い散る綿毛と戦いながら、かわいがってあげましょう。

なお、販売を考えている場合は、ペットショップの買取であったとしても、第一種動物取扱業の販売の資格が必要になります。繁殖を行う場合は、計画的に行いましょう。

フクロウの雛写真館

猛禽屋／ジャパン・ラプターリサーチによる協力

雛への餌やり

餌を食べるアフリカオオコノハズクの雛

ペリットを出したメンフクロウの雛

メンフクロウ“ホワイト”の雛

ハイガオメンフクロウの雛

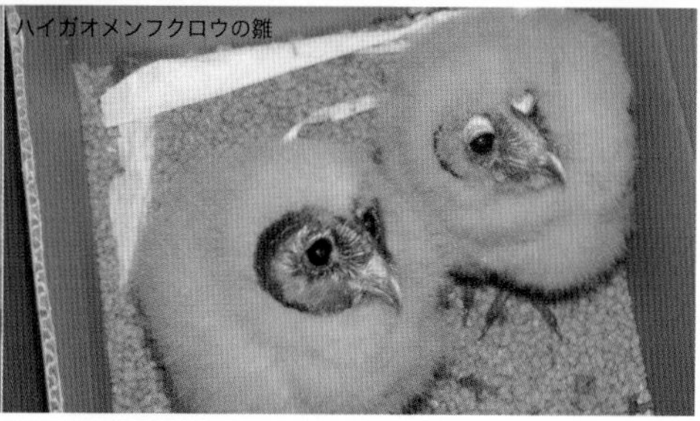

ハイガオメンフクロウの雛

ニセメンフクロウの雛

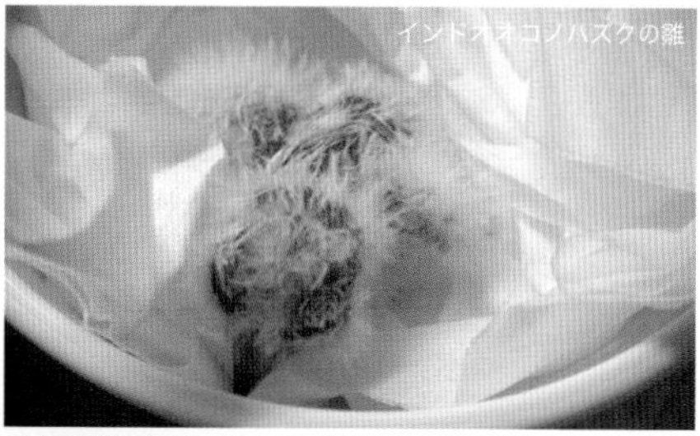

インドオオコノハズクの雛

アフリカオオコノハズクの雛

インドオオコノハズクの若鳥

サバクコノハズクの雛

ニシアメリカオオコノハズクの雛

シロフクロウの雛

アフリカワシミミズクの雛

アフリカワシミミズクの孵化

シベリアワシミミズクの雛

トルクメニアンワシミミズクの雛

クロワシミミズクの雛

ベンガルワシミミズクの雛

ケープワシミミズク
（亜種マゼランワシミミズク）の雛

オオフクロウの雛

モリフクロウの雛

カラフトフクロウの雛

クロオビヒナフクロウの雛

ウサギフクロウの雛

オナガフクロウの雛

左からアフリカヒナフクロウ、アフリカワシミミズク、オオフクロウ、アフリカワシミミズク

アフリカワシミミズクとメンフクロウの雛

チャコモリフクロウの雛

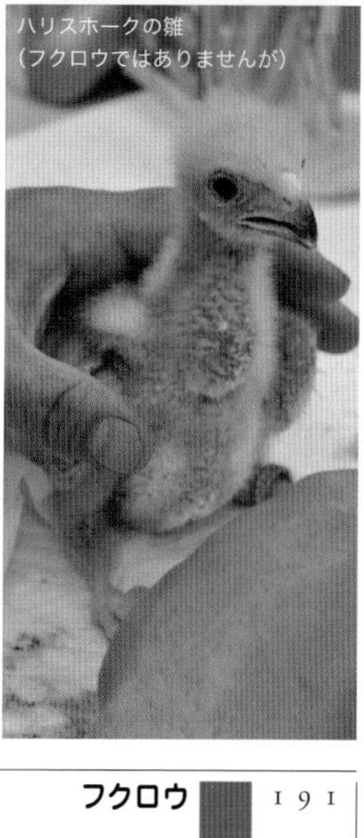
ハリスホークの雛
（フクロウではありませんが）

ナンベイヒナフクロウの雛

孵化から約1カ月間半の成長記録
――メンフクロウ――

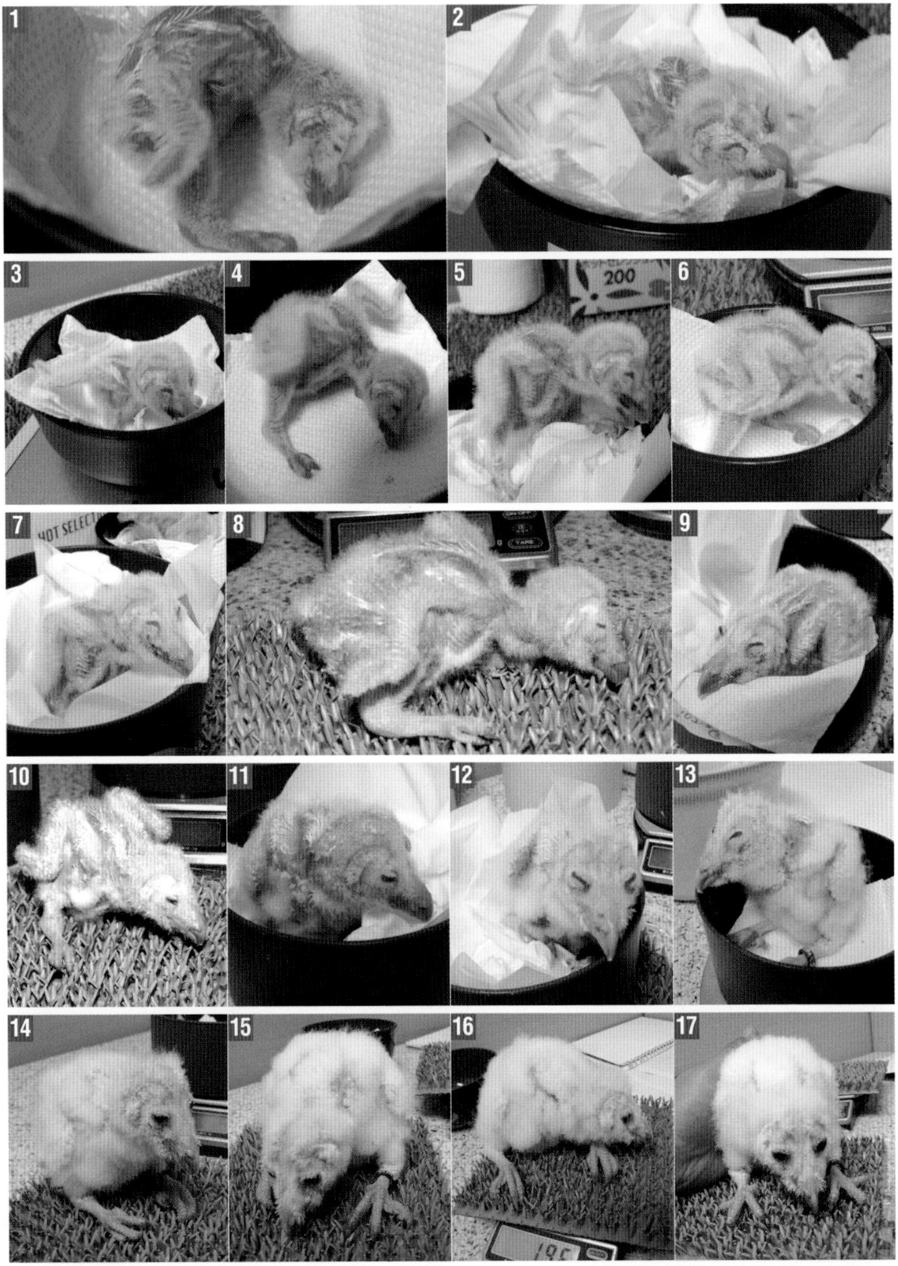

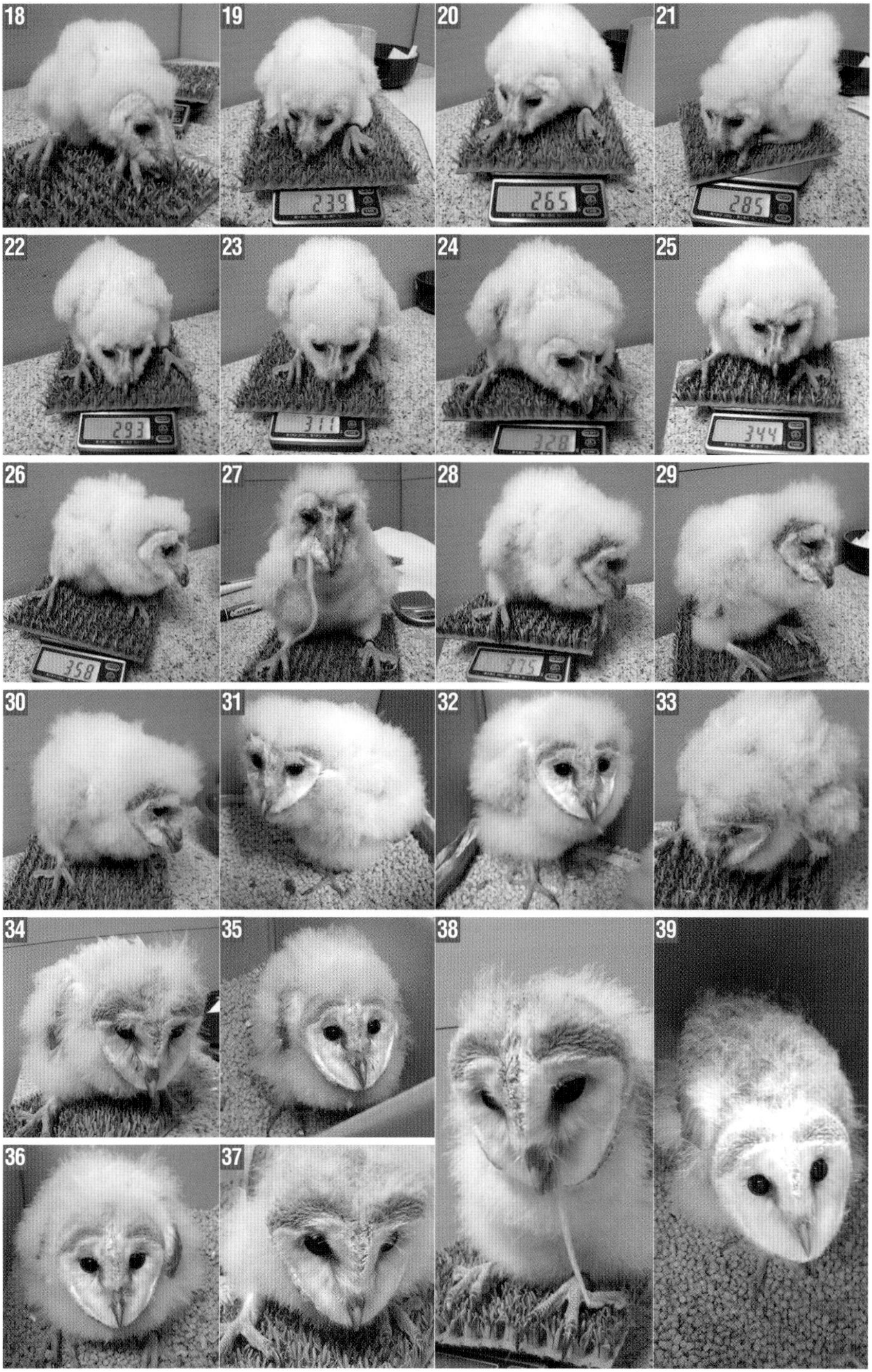
18
19
239
20
265
21
285
22
293
23
311
24
328
25
344
26
358
27
28
375
29
30
31
32
33
34
35
38
39
36
37

孵化から約1カ月間の成長記録
――アフリカオオコノハズク――

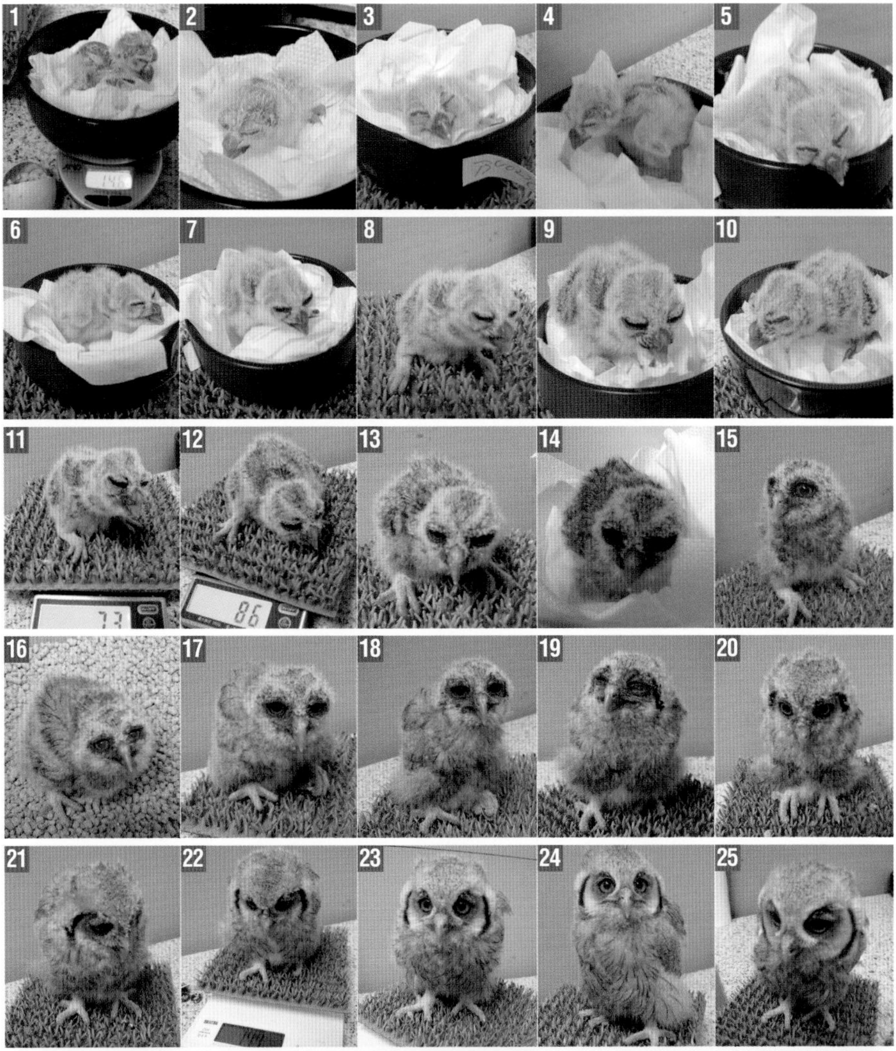

孵化から約1カ月間の成長記録
——コキンメフクロウ——

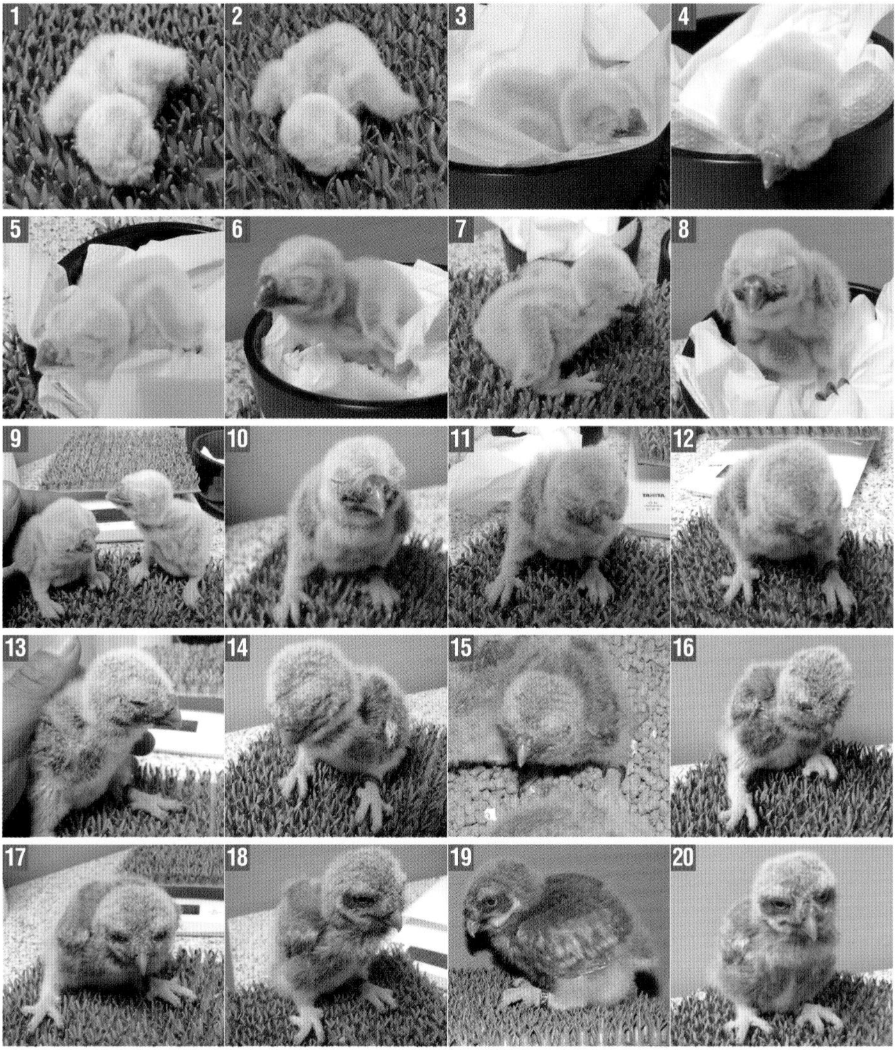

多頭飼育や同居、移動

多頭飼育

個別ケージ管理の場合は、対面するケージのフクロウに怯えたりしていなければ問題なく、それも向きを変えれば済むでしょう。係留管理の場合は、隣接するフクロウの風切羽根を掴めてしまうような間隔では止めないこと。紐が緩かったり、外れてしまった後の事故も想定できるので、目の行き届いた管理が必要になります。コンパニオンバードとして同じ空間に放す場合は、同種・異種を問わず、お勧めはできません。仲のよいフクロウなどの例もよく耳にし、羨ましく思うのですが、発情期やちょっとした餌量のミスなどで一転しかねません。

「フクロウは捕食者である」ということを念頭に入れておく必要があります。たくさんのフクロウに囲まれたい、という願望もあると思うので、相性をよく見て、目の届く範囲・時間内で同居させるのがよいでしょう。

他の動物との同居

多頭飼育に共通しますが、異種との飼育も一般論としてはお勧めしていません。しかし、ネコと仲良く同居していたり、インコやオウムに混じっていたりと、ほっこりとした飼育例もあるにはあります。こちらも、各飼育者のハウスルールとし、注意深く観察をしながら…に留めておきます。

輸送時の移動

メンテナンスでショップに出向いたり、病院へ定期検診行ったりと、輸送ケージに入れて移動する際にも注意が必要です。車などでスムーズに移動できればましですが、電車などでは人目も多く、移動時に揺らしてしまうことも多くなります。周辺が見えてパニックにならないような構造、車中で暑くならないような構造、措置が必要となります。また、移動時に車酔いなどで吐き戻してしまうことがあるので、必ず餌は与えないようにしておきましょう。特に、メンテナンスや検診は、満腹時に行う作業ではなく、餌量を気持ち控えた状態のほうがスムーズにできることが多いので、帰宅してしばらく安静にさせてから餌を与えるようにします。フクロウはペリットを吐き出しますが、餌の吐き戻しは行いません。餌を嘔吐する行為は、深刻な体調不良を引き起こしかねないので、十分に注意して移動をするように心がけましょう。なお、ジェスをつけている場合は、誤飲の可能性があるので外して移動させるか、制御に自信がないようなら、ジェスの先端を片結びでコブを作り、引き抜かれないようにしておくとよいでしょう。

健康管理

筆者の知る飼育されたフクロウの一番の死因は、餓死になります。フクロウは気ままな生き物ですから、「使役」しようと試みた場合によく起こります。お腹を空かせることによって、「悪態をつかず」「扱いやすく」「擦り寄って来て」「反応がよい」と、飼い主都合による餌量を調整した結果の餓死です。まずは食べるだけ食べさせ、餌と体重の相関リズムを掴めてから、あれこれと試していくようにしましょう。

また、餌量を聞くと、「一日に○羽、一日○匹」と餌量の単位を決めてしまっている場合も多くみられます。一日○羽、○匹ではなく、餌の無駄も出てしまいますが、始めのうちは餌総量の○g単位で管理するとよいでしょう。

次いでの死因は、食中毒です。毒性の強いものや、感染力の高いものでは、一度にほとんどが死んでしまった多頭飼育のケースも聞かれます。

冷凍餌をその都度解凍するのは手間であるし、残りの半分を冷蔵保存として何となく使い回してしまい、人間用よりも衛生管理は甘くなりがちです。生で与えるものであるので、十分な管理に努めましょう。

また、自分で解体処理をできるようにし、餌の品質チェックをするのも重要事項の一つです。冷蔵庫・タッパー・ピンセットなど餌に関わるものに加え、餌台・餌皿・止まり木の汚れ・グローブ汚れなど、消毒・洗浄・交換と常に清潔を心がけるよううするとよいでしょう。

羽毛に覆われたフクロウの健康は、外観からでは把握しにくいと言えます。哺乳類と違って調子の悪さをオーバーに示すことが少なく、動かなくなってからでは対処してあげられることは少ないでしょう。フクロウの健康管理は普段から注意深く観察し、未然に防ぐことが重要となってきます。

観察のポイント

普段生活を共にしているフクロウの「違和感」を感じることです。

- 目が凹んだように力がない、瞳孔の色がくすんでいないか
- 普段より目を閉じている、片目だけ閉じていることはないか
- 目縁や蝋膜(ろうまく)、または脚部の露出した部分の色合いが淡くなってないか
- 餌や水を与えた直後以外、普段から鼻水を出していないか
- 羽毛を逆立て、膨らんでいないか(寒い時などにも行う)
- 口を開けての呼吸、または肩で呼吸をしていないか
- 翼や脚など、どこかをかばうような動きを見せていないか
- 動きが鈍く、気だるそうに反応が悪くないか

入手時のチェックポイントとも重複しますが、違和感を示す異常のサインを見逃さず、すばやい対応ができるように心がけましょう。

毎日のチェック

糞のチェック

毎日の糞のチェックは、健康状態を知る上で重要なバロメーターとなります。白い部分(尿酸)に固形の糞が入り、周辺は水分(尿素)で滲むのが通常で、便の色は餌の影響を受けてヒヨコなら黄色っぽく、マウスやウズラの赤身の強い餌なら黒っぽくなります。普段からの糞をよく観察し、水分や粘り気・回数を確認しておくと、変化を掴みやすいでしょう。

他に、日に一回程度の頻度で、強烈な臭いを放つタール状の黒っぽい糞をしますが、盲腸の働きによる盲腸糞(もうちょうふん)と呼ばれるもので、こちらも通常です。

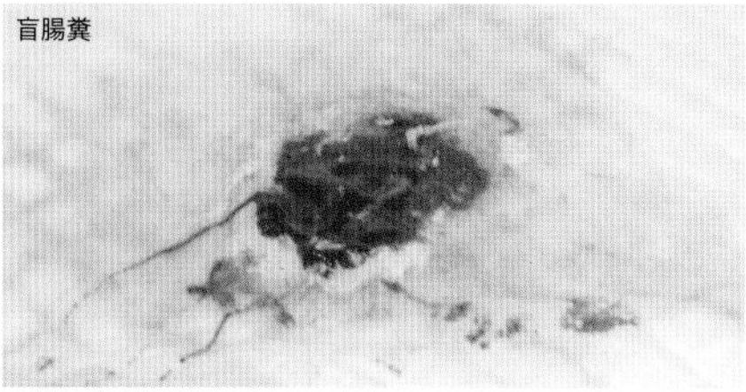
盲腸糞

餌量が足りていない場合は、通常の便部分が担汁によって濃い緑色となり、やや尿酸部分に混じる形で排泄されます。これが続くようならば、餌の不足が心配されます。また、薄茶色一色に尿酸と混じる糞は未消化の糞であり、与えられた餌量が多いことが懸念されます。

どちらも、餌量の指針となりますが、続けて出るようならば飼育方法を見直す必要があるでしょう。

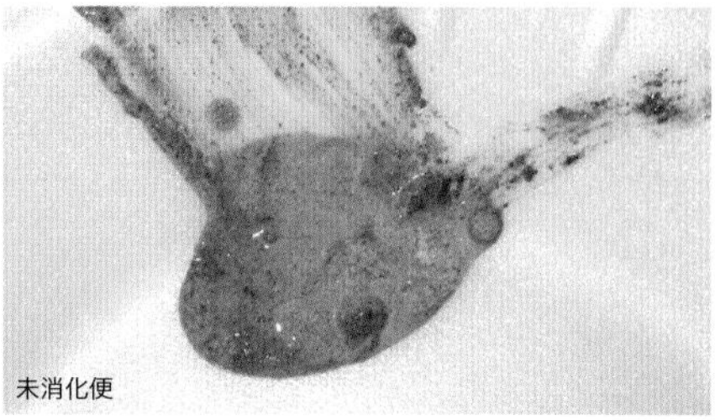
未消化便

上記以外の異常な糞の場合は重大な病気のおそれもあるので、速やかに獣医師に診てもらうようにしましょう。

さまざまな異常な糞

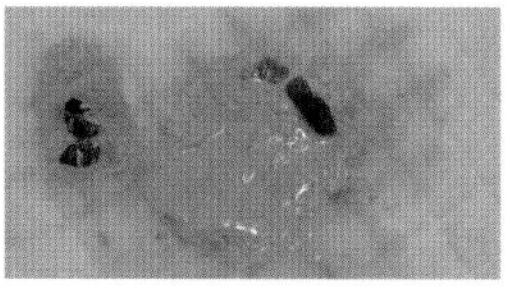
ライムグリーンの糞。
かなり深刻な病気の
疑いがあり、速やかに
獣医師の診断を
受けること

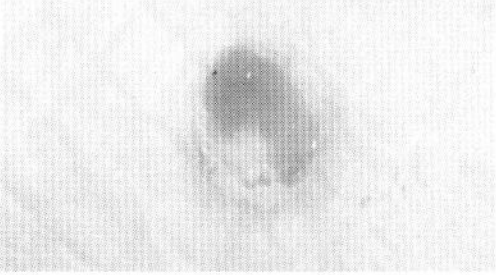
粘液便。
腸の異常によるもの。
食中毒の疑いも高いです

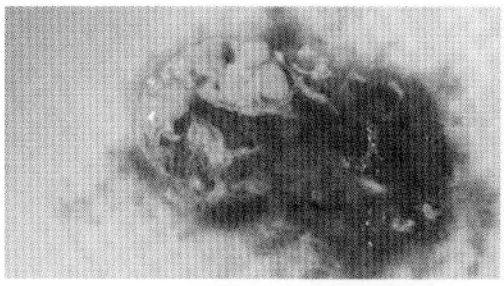
出血性の腸炎に
見られる糞。
毒性の強い食中毒などに
多く見られます

尿酸部分が黄色い糞。
肝臓に負担がかかって
いる場合が多いです。
獣医師に相談し、
飼育の見直しをすると
よいでしょう

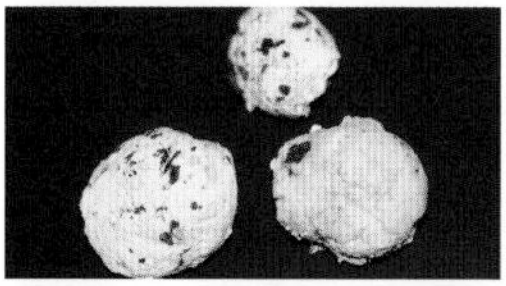
尿酸結石。
抱卵前後に見られる
尿酸の固まり。
慢性的な水不足も
考えられます

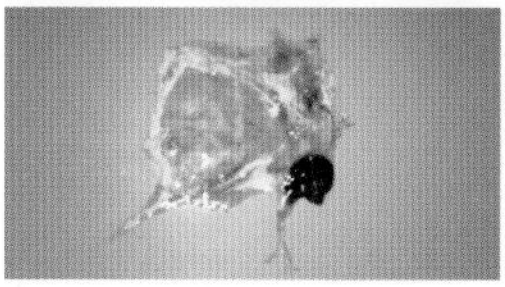
血便。
大腸の異常が疑われます

画像提供：鳥と小動物の病院 falconest

ペリットのチェック

吐き出すペリットのチェックも必要です。ペリット材を含んだ餌を与え、体内リズムができているかを確認します。また、ペリットを開くと、ほんのり生臭い程度が通常です。普段と違う異常なにおいや、担汁が混ざり緑色をしているなどの異常ペリットが出ているようなら注意しましょう。

動物病院を探しておく

フクロウに異常がみられてからの病院探しでは、手遅れになるケースが多くなります。あらかじめ病院を探しておく必要がありますが、フクロウを診てくれる獣医師となると、なかなか見つけるのは難しいでしょう。小鳥やハトを診てもらえる病院などをあたって、フクロウを診てくれるか尋ねてみるとよいでしょう。緊急時を含めると近所にあることを推奨しますが、扱い経験のない病院にも躊躇してしまうところです。かかりつけの病院がある専門ショップも多いので、相談してみるとよいでしょう。

また、普段から年1～2回の健康診断もお勧めできます。異常時の対応にも判断材料が多くなるし、第三者の目による「違和感」も察知してもらえることになります。

ここで、都内ですが筆者がお世話になっている病院を紹介しておきます。10年以上診てもらっている先生です。

【鳥と小動物の病院　リトルバード】

東京都世田谷区豪徳寺1-46-16
諏訪ビル202
TEL:03-5477-7877／予約制
http://www1.odn.ne.jp/sac/

**【鳥と小動物の病院
falconest（ファルコネスト）】**

東京都足立区千住中居町 18-14
白石ビル201
TEL:03-5284-7822／予約制
http://www15.plala.or.jp/falconeil/index.html

寄生虫による感染症

外部寄生虫

ダニ・ハジラミなど、吸血性のものや羽毛を食害するものが見られます。羽毛に隠れて見えないことが多いですが、羽毛上を小さな虫が這い回っていたり、すが入ったように羽毛がスカスカとなっていたら疑いましょう。WC個体との接触や、屋外に係留する場合に見られます。病院で駆虫してもらいます。

内部寄生虫

線虫・条虫・回虫などが挙げられます。線虫では屋外地面の接地を避け、中間宿主とされるミミズなどのつまみ食いを予防しておくとよいでしょう。その他、さまざまな要因が考えられますが、活餌の適切な解体、屋外での衛生管理など、清潔に務めます。症状としては、与えた餌量よりも体重の増加が見られないなどの「違和感」が多くなることです。体調を崩した時などに内部寄生虫が爆発的に増えてしまい、寄生箇所によってさまざまな症状を引き起こし、場合によっては重篤なケースに繋がることがあります。屋外管理では特に、定期的な検便を行うとよいでしょう。

原虫――コクシジウム

屋外管理の場合は、外部感染により常在している場合が多いです。特に、症状が出なければ問題はありませんが、腸炎などを起こし深刻になるケースもあります。餌量と伴わない体重減少や、未消化便が続くようなら病院に相談してみましょう。また、屋外管理では感染のリスクはやむを得ず、神経質に駆虫しすぎるのも、体内でのバランスを崩しかねないので注意が必要です。

原虫――トリコモナス

口の中や喉にチーズ状のものが塊となってへばりつき、最悪の場合は化膿を起こします。口からかなりの異臭がするので判断できますが、食道あたりにできると発見が遅れる場合があります。ペリットとは異なる吐き出し物がないか、餌を飲み込みにくそうにしてないかを観察し、口臭チェックが必要となります。安易に対処せず、病院にて処置してもらうとよいでしょう。

真菌による感染症

アスペルギルス

真菌による呼吸器系から始まる病気で、鳥類にとって深刻な病気の一つです。どこにでも顕在するいわゆるカビの一種が原因で、抵抗力の落ちた個体が発症しやすいです。屋内ではエアコン、植木鉢などを清潔にすることを心がけ、通気を良くする工夫が必要になります。屋外では下草をきれいに刈り取り、高湿度の環境を避けるようにします。発症してしまうと、多くの場合は不幸な結果になることが多く、普段からの健康と清潔が一番の対策となるでしょう。

よく聞く人畜共通感染症

オウム病

オウム病が取り沙汰されるたびに、フクロウの飼育に疑いの目がかけられています。安易に捉えるつもりもありませんが、そこまで神経質に考える必要もないでしょう。クラミジアによる細菌性感染症で、フクロウに症状が出ることはあまりありません。一般的には、感染経由は糞が乾燥した粉塵による飛沫感染や、唾液などの経口感染により引き起こされます。これは人に対してだけではなく、フクロウへの感染も含まれます。フクロウと口移しで餌を交換したり、深いキス、または糞を食べるなど、およそ異常的な飼育をしていないかぎりは問題ないでしょう。普段より、適度なスキンシップと、糞の始末をして清潔な環境を心がけて飼育したいものです。

ただし、リスクがないわけではないので、体調が悪い時などは風邪だろうと済まさず、病院では鳥類を飼育している旨を伝え、見合った検査を取り入れてもらうとよいでしょう。

鳥インフルエンザ

A型インフルエンザウイルスによる鳥類の感染症。特に、高病原性を示すものに関しては、家禽において深刻な問題となっています。水禽を宿主にするとされますが、感染を防ぐ有効な対策はないと言っても過言ではありません。人に感染する場合は変異をもたらした特殊なケースであり、一般的な飼育鳥からの感染は極めて低いと言えます。屋外での野鳥との接触を極力避けますが、天敵でもあり、餌も共通しないことから、接触の機会は軽減されているかもしれません。餌であるヒヨコやウズラに関しては発生の情報を把握しておくことが大切と言えます。

この他にも多くの寄生虫や、細菌による感染症、ウイルスによる病気が存在しますが、中には致死率の非常に高いものや、家畜伝染病予防法に抵触するものも含まれます。

飼育者に求められるのは、適切で清潔な餌と環境です。

フクロウを健康に維持することが、さまざまな病気への予防へ繋がる一番の対策であると言えるでしょう。

怪我やその他の症状

趾瘤症（しりゅうしょう）

脚の裏が腫れ上がる症状の総称で、バンブルフットとも呼ばれます。常に同じ箇所が当たるような止まり台や、爪が伸びすぎたことによる自傷、極端な体重増加や運動量の変化といったさまざまな要因が考えられます。傷口や壊死を起こした皮膚より、細菌による感染症を伴うとかなり深刻な症状となり、大がかりな外科的処置が必要となる場合もあります。脚裏を覗き込み、小さな傷や皮膚が赤く変色していないかのチェックをまめに行うよう習慣づけましょう。適切な形状の止まり木を清潔に保ち、爪の徒長や換羽時の肥満なども注意。栄養的な偏りも原因に挙げられるので、初期症状がみられたら、餌の見直しも必要となります。

怪我

多頭飼育下での掴み合いによる爪での刺傷や、害獣による咬傷などが挙げられます。羽毛に覆われているので傷口の特定がしにくく、激しい傷口が隠されているケースもあります。また、小さな刺傷で一見元気そうに見えても、二次感染により後日体調を崩す場合も多くあります。掴まれたり、襲われたりした場合は、早急に病院で診察を受けましょう。

骨折

ガラスにぶつかったり、翼の可動域にある障害物にぶつけたり、他の動物による傷を伴う骨折などが考えられます。多くは翼を傷め、肩を落とし収納できずに発覚しますが、食欲減退を理由に診察してもらったら脚が折れていたなどの報告例もあります。暴れるのを防ぐため、身動きの取りづらいサイズの段ボールなどに入れ、迅速に病院での処置を受けましょう。

日常的に翼の可動範囲をしっかり把握しておき、事故を未然に防ぐことが必要になります。また、骨に異常がある雛を入手した場合も苦労がつきまとうことになるでしょう。安易に雛からは求めず、骨の可動がしっかりした個体の入手も念頭に入れておきましょう。

凍傷

趾にかかることが多く、ひどい場合は壊死して趾を落とすことになります。フクロウでの報告例はあまり聞かれませんが、羽毛で覆われていない種類などには注意が必要でしょう。寒冷地に生息する大型種であっても、冬場の雨風は防げるようにし、羽毛に霜が降りるような環境の再現までは避けたほうが無難です。

熱中症・日射病

屋外飼育で多いですが、締め切った空調のない部屋でも十分に起こり得る症状です。特に真夏は注意が必要ですが、6月ぐらいから「真夏日」の日射・気温になることもあるので、天気予報をよく確認し、早めに対処しておきましょう。万が一熱中症でぐったりしていたら、速やかに涼しい場所に移動し、水分を摂らせます。「口を開けて喉元を動かす呼吸を始め、翼を落として脇が出る」のサインが出る前に、涼しい場所へ移動できるようにしてあげましょう。

換羽の異常

前述した【日照】でも触れましたが、不規則な消灯と、日照の不足によると思われます。飛ぶのに支障が出るほどごっそり抜けてしまったり、新しい羽根に異常があるようなら、換羽をコントロールする薬もあるので、獣医師に相談してみるとよいでしょう。しかし、体に負担も掛かる治療薬となるので、消灯時間に規則を持たせ、朝日を積極的に取り込んで変化をつけるなどの対応もしてあげます。また、換羽の時期に極度のストレスを受けたり餌量が不足すると、羽根に横一条の筋が入ってしまうことがあります。ストレスマークと呼ばれるもので、その部分から折れやすいので注意します。換羽の時期は十分な餌量と強いストレスを与えないように過ごさせることが重要になります。

羽根の異常

風切、尾羽根の先端や、尾羽根の真ん中から折れたり、ボロボロになっている場合は、不適切な環境や係留の場合が多く、改善が求められます。この場合、折れた羽根を中心に、次々と折れやすくなるので注意。羽毛全体にすが入るようにスカスカになってしまっている場合は、ハダニなどの外部寄生虫や毛引きの疑いがあるので対処しましょう。また、よじれて貧弱な羽毛が生える場合がありますが、怪我などによる形成異常ではない場合、餌の質、量を見直す必要があるほか、病気のおそれもあるので獣医師に相談しましょう。

毛引き

フクロウでの症例はあまり聞かれませんが、怪我の治療治具の自咬行為から始まったケースと、繁殖期のオスが始めた報告例があります。

怪我のケースは特殊な例ではあるものの、繁殖期のオスのやり場のない情熱が毛引きに向かった例は、頭に入れておく必要があるでしょう。始めてしまった場合、これと決まった解決策はありませんが、環境をガラリと変える、おもちゃを破壊させる、また、あれこれ試して助長させない、など判断が難しいところです。

嘴、爪の異常

飼育環境が限られているので、ある程度の嘴や爪の徒長は致し方なく、メンテナンスで対応していくことになります。ボロボロに崩れたり、ひび割れを起こした嘴や爪は、栄養バランスが崩れていることが多く、ビタミン不足など餌の見直しが必要になります。骨を芯として、それぞれ鞘のように覆っている表面部分は、ケラチン質の角質が硬化したもので、いわば皮膚と言えます。神経や血管も通っているので、徒長しすぎるとメンテナンス時に出血が伴うことがあり、一度のメンテナンスでは対応できなくなるので、なるべく小まめに行うことが必要になります。

嘴では、不正咬合を引き起こしていたり、下嘴の縁が巻き込むようになっていたら、獣医師に処置してもらうほうが確実です。爪では、徒長によって引っ掛けてしまったり、栄養不足によって鞘部分が抜けてしまうことがあります。かなりの出血を伴うので、こちらも獣医師による治療を受けましょう。

日常の生活から、放した先のお気に入りの場所にレンガや素焼鉢を設置してみたり、一時係留用の止まり木には表面が粗めの天然木を使用して、嘴を拭く手入れや、爪が削れるようにしてあげると徒長を緩やかに抑えることが期待できます。

本格的なメンテナンスは保定を行うことになるので、ショップや獣医師に処置してもらうほうがよいでしょう。保定をしなくても、先端部分のカット程度なら犬猫用の爪切りを使うことで容易にできますが、無計画にすすめると、先端が野太い嘴・爪になってしまい大がかりな処置が必要になることもあるので注意が必要です。

日々の緩やかな変化には気づきにくいものであるので、迎え入れた時の写真などを撮っておき、それを参考に形成していきましょう。

メンテナンス

用意するもの

- 犬猫用の爪切り。精密ニッパーもあると役に立ちます
- 棒ヤスリ。丸、角、アールの形状があると便利
- 止血剤。クイックストップ（「kwik-stop」文永堂薬品株式会社）
- タオル
- 昔の写真

❶【装着】の保定を行い、嘴をメンテナンスできるように、細長いタオルや手拭いを、図のように長辺の真ん中部分をフクロウの嘴のサイズに縫っておく。

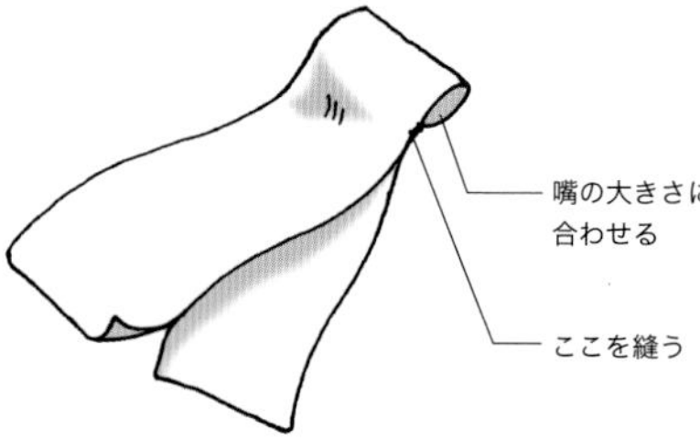

❷フクロウの蝋膜あたりになるようにはめて、端でフクロウを巻き込む。

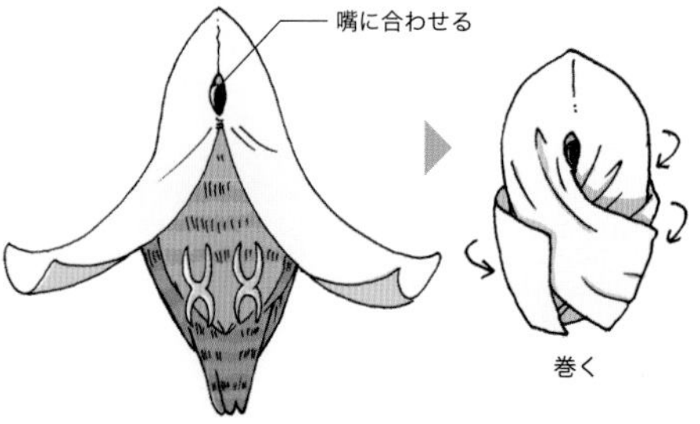

嘴の先端を犬猫用の爪切りでカットし、中心に合わせ横の縁をヤスリで仕上げます。

【嘴】

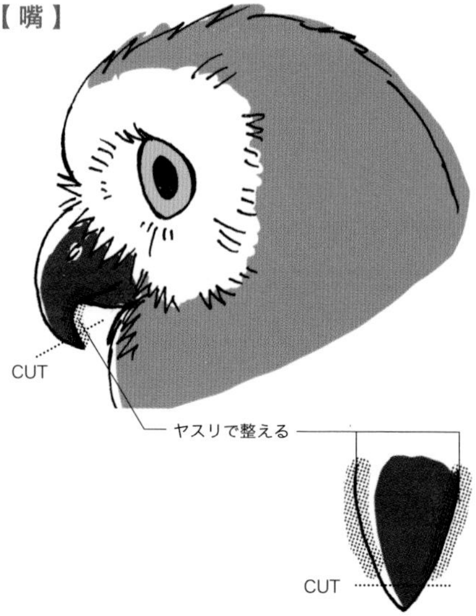

爪の先端をカットし、角をやすりで丸く落としておきます。ただし、出血した場合は止血剤を使用し、無理をしないこと。

【爪】

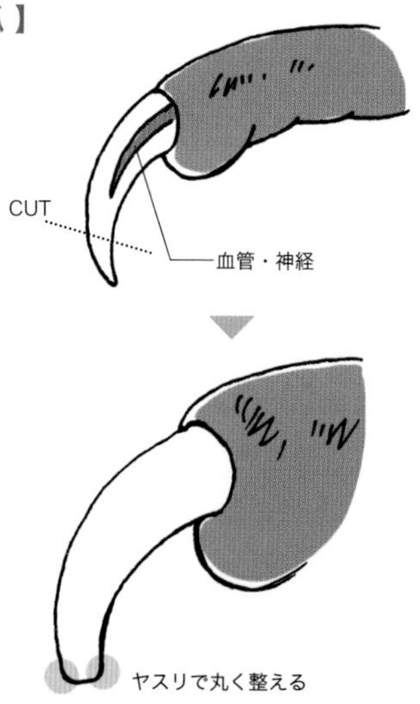

応急処置

状態を崩した多くの場合、飼い主がしてあげられることはあまりありません。輸送ケージなどに入れて、暗くして安静にさせることが基本になります。熱中症や怪我以外で体調を崩している場合は、ヒヨコ電球（保温球）や遠赤外線のヒーターなどを使用し、30℃を目安に保温を試みます。爬虫類用のサーモスタットを接続しておくと安心できるでしょう。サーモスタットが内蔵されたみどり商会社の「暖突」が便利です。この時、静かに様子を確認しながら、逆立てた羽毛が収まったり、口を開けて呼吸を始めない程度の温度に調整してあげましょう。異常な糞が出ている場合は、段ボールなどで簡易的にケージを作成したほうが、後に廃棄ができます。

餓死寸前の緊急を要するような場合、フクロウが自発的に餌を食べるのであれば、骨や皮を除去したひと口大の餌を、30℃程のぬるま湯にくぐらせて、水分を含めて食べさせます。この時、一度に多くの量を与えると消化できずに死んでしまうことがあるので、2、3口程度の少量で回数を分けて与えるようにします。消化した糞を確認できたり、腹下の胃を触って内容物がなくなっているのを目安に次を与えるとよいでしょう。自発的に食べない場合の強制給餌は推奨できません。まず用具が必要であることと、吐き戻しをされるとフクロウの体力をいたずらに消耗させてしまうケースが多いので、速やかに獣医師による処置を仰ぎます。

どんな場合であっても、フクロウの管理には自己責任が伴います。状況によっては、病院に移動させるための体力すらも、天秤にかけられることもあるでしょう。病院に行く、行かない、の判断も結局は飼い主の選択次第となりますが、ほとんどの場合、深刻な状況になってからのケースが多く、獣医師でも手の施しようがなければ手詰まりです。具合が悪くなってから病院に駆け込むよりも、未然に防ぐために病院を利用するように心がけましょう。

日常の管理、日常からの病院選び、その治療の選択と、どのような結果であっても、生殺与奪が飼育者にある以上、責任があるものと自覚しておきたいものです。

COLUMN

その他の猛禽類

タカやハヤブサの仲間

本書で紹介しているフクロウ以外でも、コンパニオンバードとして楽しめる猛禽類は数多く存在します。ワシ・タカをはじめ、ハヤブサ、ハゲワシ、コンドルなど、大きさや性質も多種多様で、関わりかたもさまざまです。

食物連鎖の頂点に君臨する空の覇者、洗礼された機能美に、合理的な行動様式、気高く、誇らしげでたいへん魅力的です。

モモアカノスリ（ハリスホーク）

学名：*Parabuteo unicinctus* ／英名：Harris's Hawk

アメリカチョウゲンボウ

学名：*Falco sparverius* ／英名：American Kestrel

モモアカノスリは
実際の鷹狩にも使用されますが、
集団生活を行うという特異性から、
パートナーとして人にもよく馴れ、
コンパニオンバードとしては
満点に近い存在です。

アメリカチョウゲンボウは、
ハヤブサの仲間でも
小型でかわらしい種類です。
実際にはあまり使われず、
コンパニオンバードとして
好まれています。
実猟にはあまり使われず、
小型フクロウのように
小規模に飛ばして楽しめます。

フリーフライトはもちろん、散歩のお供や一歩踏み込んで一緒に鷹狩へ向かうなど、猛禽類の魅力は尽きません。また別の機会に紹介していきたいと思います。

PERFECT PET OWNER'S GUIDES

Chapter 9

コンパニオンバードとしての資質

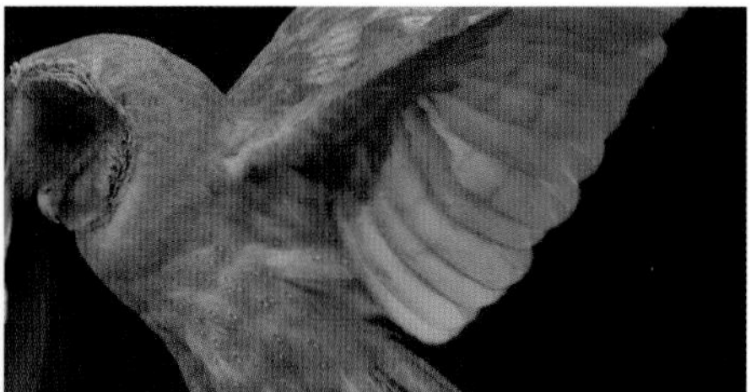

屋内でのコンパニオンバード

部屋でフクロウを自由にさせる。

気兼ねなく飛び回るフクロウは、実にさまざまな仕草を見せ、最も魅力を感じることのできる飼育方法の一つであると思われます。

しかし、飼育スタイルの章でも触れましたが、完全に人の生活に溶け込ませての放し飼いは、事実上は難しいと言えるでしょう。イヌやネコと違い、飛び回ることのできるフクロウの行動範囲は部屋の隅々にまで及びます。

よくある事故や対策をみていきましょう。

よくある事故

× 窓を開けた時に逃げてしまう

ちょっとした油断でも、外に飛び出してしまうことがあります。逃げ出したフクロウは、たとえ屋内で呼び戻す訓練が入っていたとしても、パニックを起こすとすぐには呼んでも戻らないことがあります。放している間は、必ず窓を閉める習慣が必要になるでしょう。また、網戸もしがみついた時に破れたり、外れやすいので注意が必要です。

× ガラスにぶつかる

認識できずにぶつかるケースが非常に多いです。飛行速度も遅く、距離もないので、死亡するまでの事故は少ないですが、脳しんとうや骨折なども起こります。ガラス張りにはせず、レースのカーテンか格子を組むなど、抜けられないことを示す必要があります。

× 台所での事故

火にかけている鍋に突っ込んでしまったり、熱いヤカンに止まってしまうなどの他に、人の食べ物を食べてしまうおそれもあるでしょう。フクロウの毒になる食材はまだよく分かってはいませんが、カフェインを摂取して体調を崩してしまった例もあります。それ以前に調理中・食事中にフクロウが飛び回っている自体が、衛生上にもよろしくはないでしょう。

× その他のさまざまな危険なもの

人の生活の中には、さまざまなものがあります。ペリットによって吐き出される場合が多いものの、誤飲しそうなものは片付けておく必要があります。小さい金属片やタバコなどの毒物、糸のほつれるタオルや玩具などは注意が必要。特に、いじりだしたら気の済むまでボロボロにしてしまうこともあり、そのまま誤飲に繋がるケースが多いです。

× 扉に脚や爪を挟む

フクロウは開放された扉の上によく止まることがあります。人の開閉以外にも、偶発的に閉まった場合などに趾や爪を挟んでしまうことのないよう注意します。

× お風呂場、トイレなど

お風呂場やトイレまでフクロウを進入させることも少ないとは思われますが、張った水に興味を示し、落ちてパニックになり溺れてしまうことがあるかもしれません。

人の生活様式そのままにフクロウを迎え入れるには、多くの危険が伴うことでしょう。留守中であれば、事故があった時の対応も遅れてしまいます。

フクロウとの共同生活

部屋を完全にフクロウの屋内ケージとして機能させる?

ガラスも格子に変更し、逃走防止に二重構造、置かれたソファーに遠慮がちに人が座る。フクロウには理想的なのかもしれませんが、現実的ではなく、筆者には無理です。

飼育ケージや係留パーチで飼育管理し、人の目の届く範囲、フクロウにかまえる時間に部屋を明け渡してフクロウを自由にさせてあげるのが最も安全で現実的なスタイルでしょう。また、フクロウがどこにいるかを常に把握しておき、誤って踏んでしまったり、下敷きにしてしまわないように十分な配慮が必要です。

しつけ

イヌのような訓練を行うことはできません。元々フクロウは、一部の種類を除き、単独で生活をしている種類であるので、仲間意識や集団での行動様式を持たないためです。親子・兄弟間であっても、巣立ち後には獲物を巡るライバルになり得えてしまいます。繁殖相手と見初められた場合のコミュニケーションはあり得るでしょうが、ルールを押し付ける要素まではありません。飼い主によるアピール(叩く、怒るなど)は、フクロウは攻撃として受け取ってしまうので逆効果となります。やってほしくないことがあれば先回りして排除をし、結果的な行動の制限を行うことが大事です。

トイレ

そもそも野生動物のトイレの習慣は、天敵より発見される痕跡を隠すためと考えれば、空を飛べるフクロウにはトイレの文化は成り立たないでしょう。飼育下でもトイレを教えることはできないので、ティッシュで拭いて回るか、お気に入りの場所の下を掃除しやすいように工夫をしておくに留まります。トイレを設置したい場所の上に気に入られるような止まり木を配置する、というのも腕の見せどころではありますが、そうそううまくはいかないものです。また、エアコンの上、カーテンレールの上にもよく止まることがあります。ホコリまみれのフクロウを見ないためにも普段の掃除は必要ですが、糞害を防ぐために、棚やカーテンボックスなどを作成し、掃除しやすい工夫も有効です。

フクロウの喜怒哀楽

フクロウの仕草・表情を、人の喜怒哀楽に当てはめるのはナンセンスですが、フクロウにも快・不快はあります。イヤイヤしているのに「喜んでる」と頭をこねくり回したりしないように、ある程度は読み取れるようにしておきましょう。

羽根をブルブルッとさせる

体振るい(たぶるい)と呼ばれ、ストレス時の転嫁行動にも見られますが、飼育下では概ねリラックスしている証です。飼育者の拳の上で羽繕い、嘴を拭く、体振るいをしてくれたら、フクロウは安心していると思っていいでしょう。

片脚を上げ、腹部に収納する

安心のできる場所でリラックスしている時に見られます。飼育者の拳の上で行い、さらには居眠りでも始められたら、飼育者冥利に尽きる瞬間です。

訴えかけるように鳴きまくる

空腹時や餌の時間前に聞かれる鳴き声ならば、餌鳴き(えなき)と呼ばれる親に餌をねだる声です。直訳は「腹減った」になります。特にインプリント個体では、餌をそのまま人に依存しているので、頻度は高いでしょう。餌以外にも使用されている節がありますが、何らかの要求の類であると考えられます。

相槌を打つ

こちらが声真似などをすると、餌鳴きとは違う相槌を打つことがあります。インプリント個体で、伴侶とした場合などに多いようです。鳴き交わしのようなコミュニケーションが取れますが、会話までには到底及びません。

触れると目を閉じる

これはどちらとも言えません。頭や嘴回りを撫でると目を閉じますが、嫌なら逃げるでしょうが、ジェス拘束している場合は諦めている場合も多いでしょう。繁殖ペアを見ていると、嘴で頭部へのスキンシップを見ることもあるので、コミュニケーションではあるかもしれません。

膠着させながら ジーとかクックッとか鳴く

ストレスを感じて、ある程度の不快感を示しているようです。雛などで、満腹で餌を拒絶する時などによく見られます。また、餌鳴きの声色と組み合わせていろいろと他にも訴えているようですが、よくわかりません。

アヒル寝をしているチャコモリフクロウ。
非常にリラックスしていることが伺えます

体を細くさせる

緊張からくる不快な状態です。羽毛をすぼめ、緊張状態から警戒までを示し、特殊な鳴き声を出すことがあります。窓越しに見えたカラスなどに反応して細くなることがありますが、脅威が過ぎ去れば元に戻ります。常に細くしているような環境はよろしくありませんが、ある程度は問題ありません。他にも、フクロウ側から近づいてきてチョッカイをしかけてきたのに、それに応じただけで、細くなりその鳴き声を出すこともあるので、思いどおりにならないちょっとした不満も含まれるのかもしれません。

嘴をパチパチと鳴らす

かなりの不快を示し、直訳は「近寄るな」です。インプリント個体では少ないですが、かなりの不快が伴うと嘴部分を噛み合わせパチパチと音を立てます。満腹時に弄ろうとしたり、押さえ込もうとすると鳴らすことが多いですが、まれにささいなことでもパチパチならす「文句屋」の個体もいます。併せて翼を広げて威嚇するような場合は、係留時やケージ内では特に背水の陣のかまえであるので、このような場合は深追いせず、そっと離れるようにしましょう。

繁殖期の対応

繁殖期を迎えたインプリント個体のフクロウは、特定の飼い主を伴侶と決めると、その他の人間に対して攻撃的な排除行動をとることがあります。ヒューマンインプリントの慣れすぎによる弊害です。特にオスの個体に見られますが、種類や個体によっても現れかたは大きく異なってきます。

部屋で放している場合は部屋全てに縄張り意識を持っているので、排除行動はより強くわがままなものとなるでしょう。掴んで来たり蹴ってきたりと深刻な場合もあり、環境をガラリと変える、係留してしまう、我慢するといった消極的な解決策しかありません。対策を講じるのは難しいですが、極端なヒューマンインプリント個体を避け、餌を与える人を特定させずに管理し、ややぼやけた飼育・関わりかたも一考かもしれません。

導入直後の注意点

フクロウを迎え入れた直後は、環境にも慣れておらず、また、飼育者に対しても安心感を持っていません。いきなり部屋に放すことはせずに、まずはケージやパーチで管理し、餌を十分に食べさせましょう。環境にも慣れ、餌を与えてくれる人を覚え、餌の時間にねだるようになってから、徐々に放し飼いを始めてみるとよいでしょう。

❶ケージや係留パーチを安心できる場所であることを教えます。極力ストレスをかけないように配慮してあげましょう。

❷そこで餌を食べるだけ十分に与え、「安心」と「餌場」であることを覚えてもらいます。

❸餌の時間にフクロウからねだるようになったら、体重計を覚えさせます。

- 係留飼育の場合
  グローブに乗せてから、体重計に乗せ替えて計測する。拳の上で餌を与え、拳の上も「安心」と「餌場」であることを教えます。パーチから自ら拳に乗るようになったら、放してもよい目安となります。
- ジェス拘束のないケージ飼育の場合
  ジェスによる制御ができないので、少し難易度は上がります。部屋の中に飛び出ることも考えられるので、注意が必要です。体重測定をする前の安易な体重コントロールは推奨しないので、いつもの餌の時間を遅らせてみたり、餌のねだりが強い時に試してみるとよいでしょう。餌をピンセットで摘んで体重計まで誘導するか、餌を体重計に乗せて飛び乗らせます。体重計に乗ったら餌をひと口与え、飲み込んでいる間に体重測定を行います。始めのうちはすぐにケージ内に同様に誘導し、中で餌を食べさせるようにします。

❹この一連の動作ができるようになったら、徐々に部屋に放す時間を増やしていくとよいでしょう。

日常の管理

世話をする時は、一番始めに必ず体重計に乗せて、体重を測定する習慣をつけます。慣れてしまえばフクロウは自ら乗るようになるので、その時に必ず餌をひと口あげるのも約束してあげましょう。その日の与える餌量の3分の1程度を誘導に使い、残りはケージ内や拳の上で食べさせるようにします。餌による誘導が難しくなるので、体重が重い場合は早めにケージ内や拳に呼び戻すように心がけましょう。

餌量の管理に慣れない間は、満腹によって餌による誘導が一切効かない場合もあるかもしれません。無理に追い立てて捕まえたりせず、ひと晩は部屋でお泊りと諦めて事故のないように注意するか、寝ている時にそっと保定しケージに戻すかは、飼育者の判断となります。外法ではありますが、より興味の強いものをケージに放り込むのも一つの手段です。特に小型種では、活きたコオロギなどには高い嗜好性を見せるので、ケージ内にコオロギを投げ込むと急いで突っ込んでくることもあります。コオロギを押さえ込んでいる間に、そっとケージを閉じてしまいましょう。

ここから先は、フクロウをコンパニオンバードとしてどのように接していくか、飼育者それぞれの楽しみかたでハウスルールを決めていくとよいでしょう。ただし、屋内で完結した飼育をするのであればよいですが、屋外に連れ出すことも想定している場合は、それぞれのハウスルールが適応しない場合も含んでおきます。肩や頭に乗るのに慣れたフクロウは、嫌悪感を持っている人にも同じことをしてしまうかもしれません。まして、大型のフクロウなどでは、第三者にとってはただの脅威になります。グローブをはめた拳の上に乗せることを普段からも徹底し、お行儀を教えておくのも大事なことであると考えます。よく聞くのが、「ウチの子は大丈夫」という独善的な発言ですが、「大丈夫」を決めるのは飼い主ではなく、その第三者であることを念頭に入れておきましょう。

屋外でのフライト訓練

屋外でフリーフライトを行うことを安易に考えてはいけません。万が一フクロウが逃亡してしまった場合、多くの場合は獲物が獲れずに餓死をするか、弱ったところを外敵に襲われることになるでしょう。獲物を獲ることを覚えてしまったり、本来日本に生息しない種類が国産種との繁殖に参加してしまった場合、生態系への影響や遺伝子汚染の可能性も否定はできません。このような事態に陥れば、フリーフライトはおろか飼育自体への規制にも繋がりかねず、飼育者個人の問題では済まなくなってしまいます。フリーフライトには、徹底した管理と準備を行い、重大な責任が伴うことを肝に命じて臨みましょう。

まず、本書ではインプリント個体でのフリーフライトを念頭にしています。WC個体の体重管理は難しく、また、獲物を獲る能力にも長けているであろうことから、推奨はしていません。餌を人に依存し、飛ぶことすらおぼつかないフクロウの適度な運動とスキンシップを目的としています。

準　備

まず重要なのは、しっかりと体重の管理ができるようになっている必要があります。体重のコントロールができていて、かつ健康な状態であることがフライト訓練を始める絶対条件です。

体重管理とは別の基準として、「肉色当て(ししあて)」を覚えておくとよいでしょう。鳥類の胸骨は、上から見るとY字のような構造をしており、胸部に縦に突出した部分を竜骨突起(りゅうこつとっき)といいます。この突起の両脇に備わる胸筋を「肉色(しし)」と呼び、変化の著しい肉色を触って、鳥の肉付きを知ることを「肉色当て(ししあて)」と呼びます。

【肉色当て】

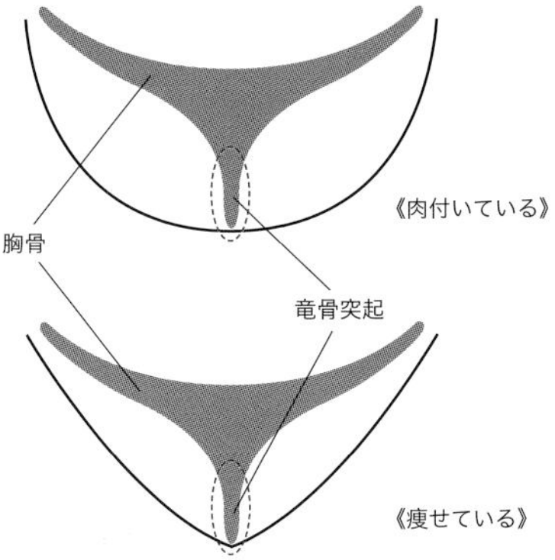

フクロウを拳に乗せ、空いた手の人差し指と親指で摘むように竜骨突起を下からくまなく触り、肉色の付き具合を確認します。

同時に、柔らかさなどの感触も覚えておき、脂肪の付き具合なども判断します。七分肉色などと数字で表されますが、共通の認識・見解は難しいので、個体ごとに自分で覚えたほうが無難です。記録を残すうえで自分の基準でかまいませんが、体重や反応と絡めておくと後々の判断材料が多くなり、今後に役立つでしょう。筆者の場合は、○△×表記で記録を残していますが、最終的には【◎△△やや×】など、筆者しかわからない難解な表記になってしまっています。

体重だけ、肉色当てだけではなく、多角的にフクロウの状態を記録し、判断するようにしましょう。

次に、不測の事態に備え、飛ばす場所を下調べしておくことが必要です。公園なり、空き地なり、その場所でフクロウを飛ばしていいのか、の法的なことから始まり、周辺環境にフクロウが嫌いそうなものはないか、興味を引いてしまうものはないかをあらかじめチェックして廻りましょう。また、地図や航空写真などで周辺に飛んでいってしまった場合の位置関係なども把握しておきましょう（一級河川の河原などでは、川越えをされた場合、橋が近くにないと対応が大幅に遅れることになるなど）。また、購入した専門ショップなどで、経験者に教えを請うのも一つでしょう。多くの経験者に聞くのも知識の蓄積としてはよいですが、同じ到達点であっても方法論は多岐に渡るかもしれません。たとえばA師匠からは餌を「今日は100g与えろ」と言われ、B師匠は「今日は餌なし」と言われたとします。両師匠を立てて50gを与えたとすると、どちらの方法にも合致せずに失敗することになります。実際にフクロウを飛ばしているのを見せてもらえたなら、まずはその人一人の方法を学び、真似ることから始めましょう。

多くの貯めた知識や自分の方法論で工夫していくのは、2年め・2羽めに試してみるとよいでしょう。それが、経験者に対しても、礼儀となるはずです。

さて、準備と心構えができたなら、フクロウのフライト訓練です。

フクロウの飛ぶ理由

フクロウを呼ぶと、颯爽と飛んできて拳に止まる。だれもが思い描くフクロウと遊ぶシーンではありますが、理想と現実は少し食い違います。フクロウが拳に戻る理由には、飼育者が大好き、飼育者に褒めてもらいたい、という微笑ましい動機はありません。餌を見せて拳に呼び戻すことになるのですが、これはフクロウにとっての「狩り」行動の擬似行為になります。戻ってきたら、「狩り」が成功した「報酬」を与えることで、フクロウはこの方法が正しく、より確実なことであることを覚えていきます。逆も然り。「報酬」が少なかったり、もらえないようならば、その「狩り」の方法を変えてしまうことでしょう。

フクロウのフライトは、「報酬」を約束とした契約であることをまず理解しておきましょう。

フクロウの狩りは、獲物を追い回すというよりも、場所を正確につきとめ、最小限の動きで確実に獲物を捕える性質のものが多いです。エネルギー代謝を極力抑える体構造も相まって、活発的に動き回るというよりも待ちの特性のほうが強くなります。猛禽類の調教訓練として、反応を上げるために体重を下げることを「詰める」と表現しますが、不活発なフクロウを「詰める」視点でのみ訓練を行うと、どんどん代謝が下がり、さらに詰めなければ反応は落ちる、と負の連鎖を引き起こすことになります。フクロウを飛ばすには、「狩り」の必要に迫られるだけの最低限の体重調整が必要となりますが、初めて呼んで戻ってきてくれた体重はその個体のフライト時のベスト体重ではなく、最低体重であることを理解しておきましょう。その最低体重からスタートし、反応を維持させながら多くの餌を与え、代謝を上げ、ベスト体重を導いていくという流れが、理想的なフライト訓練になります。

反応がよいからと、最低体重を1週間、1カ月と引っ張ってしまうと、確実に餌量が足りず、たとえ体重が一緒でも肉色は落ち、代謝は下がり、どんどん痩せていくことになってしまいます。

準備するもの

アンクレットとジェスの装着

屋外で飛ばす場合は、ジェスによる制御が必須となります。ジェス拘束により、飼育者判断の許可がなければ飛ぶことができないことが大前提になります。フリーフライト時には、係留用とは別に、係留リードを通す穴の空いていないフライト用ジェスを装着し直して飛ばしましょう。また、なくした時のために予備のジェスを用意しておくことをお勧めします。

餌入れ

ひと口大にカットした餌を入れるものを用意しておきます。肉汁などが垂れないようなものがよいでしょう。釣り用のサシ入れや、釣り糸のゴミを持ち帰るエチケットケースなどが使いやすいです。

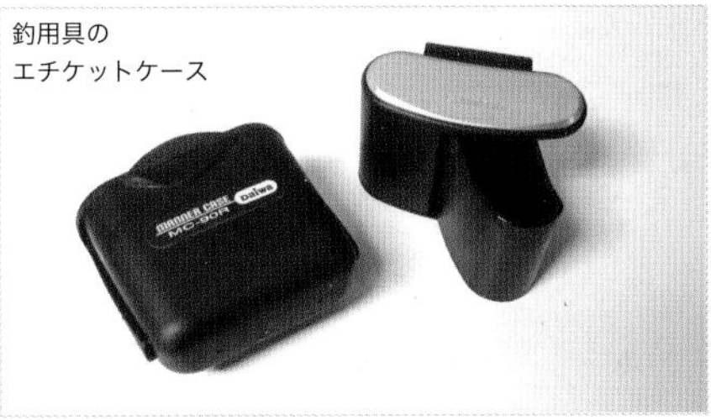

釣用具の
エチケットケース

ピンセット

餌がカットされているので、ピンセットで摘んで呼ぶほうが衛生的です。また、小さい餌を手で持って呼んでしまうと、右手を掴んでしまう事故や、餌を与えてくれるモノとして係留時にも右手に反応してしまうデメリットも出てきます。他にも、インプリント個体はピンセットを使用して育雛されており、強烈に餌との関係が刷り込まれているはずなので、利用しない手はないでしょう。

笛

好みによって、呼ぶ際に使用します。声や、口笛で呼んでもよいでしょう。

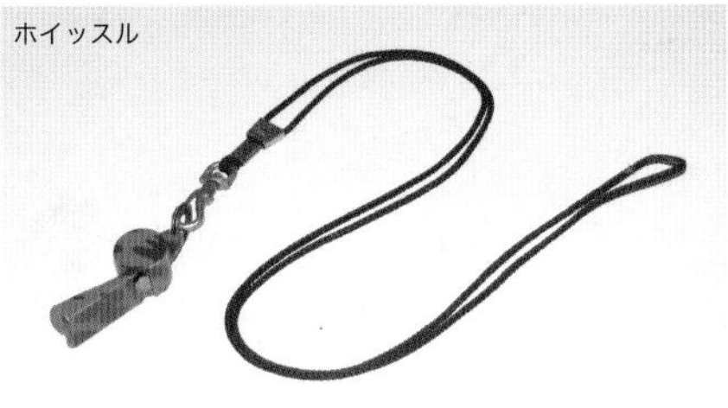
ホイッスル

鈴

葉の茂った木などに止まった場合に、フクロウの場所を探すのに役立ちます。フクロウのアンクレット部分に、脚にダメージを与えない場所に結束バンドなどで装着しましょう。

図の他にも、アンクレットの上に細く作った鈴だけを付けるアンクレットを装着してもよいでしょう。

【鈴の装着】

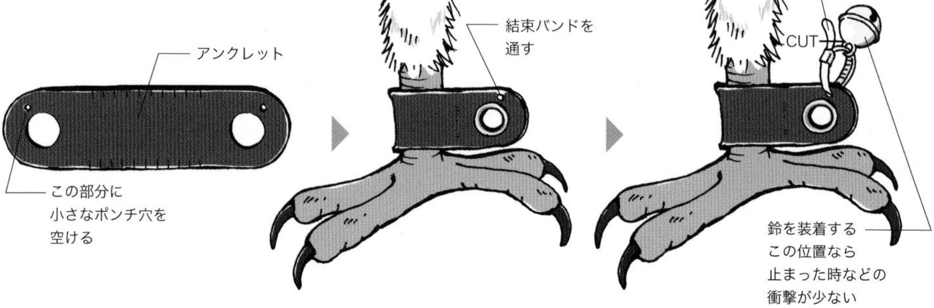

テレメトリーシステム

電波を発する小型の発信機をフクロウに取り付け、いなくなった場合に受信機を使って居場所を特定するのに使用します。フクロウのフリーフライトでは、活発に逃げ回るようなケースは少なく、動かず下りずという失敗例が多いので、テレメトリーシステムの活躍の場は少ないと言えます。しかし、パニックに陥ってあてもなく飛んでいってしまった場合には、大いに助けになるでしょう。通常は、尾羽根の羽軸基部にテレメキャッチと呼ばれる金具を噛ませて発信機を装着しますが、フクロウの羽軸は柔らかいので不向きです。特に小型種では、尾羽根も短いので、アンクレットに穴を開けて結束バンドで装着するか、発信機専用の細いアンクレットを使用して装着しましょう。逆に大型種では、アンクレットにまとわりつく発信機を簡単に破壊してしまうので、尾羽根にテレメキャッチを装着するのが妥当です。

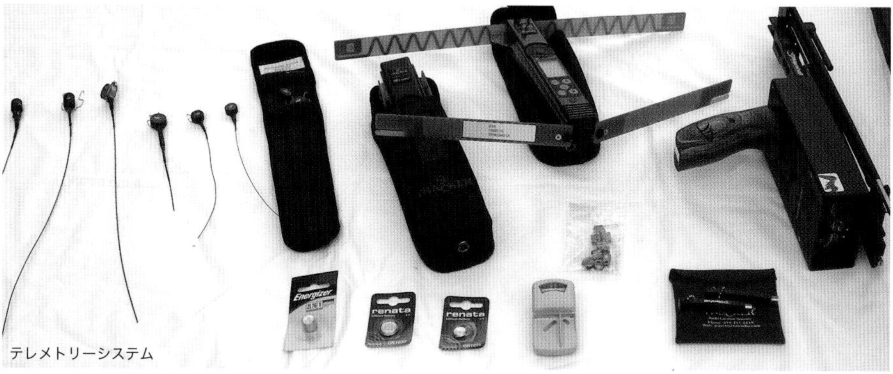

テレメトリーシステム

訓練用の紐

フクロウの初期訓練に使用します。杭で打ち付けるか、フクロウの持っていくことのない重さのブロックなどを使用して、ラインを張れるようにして使用しましょう。滑りの良いものがよく、筆者はスポーツカイト用のラインを使用しています。

訓練用の止まり台

丸太や専用の止まり木を用意します。日常で係留に使用しているパーチの流用や、同じ形状のものは避けるようにしましょう。係留用のパーチを使用すると、飛び立つとぶら下がってしまうことを覚えているので、飛び立つことを躊躇してしまう要素が増えてしまいます。また、そのまま訓練を進めると、普段の係留時にも期待して飛び立つようになり、結果として反応の悪いフクロウになってしまうので注意しましょう。

拳に乗せる

フクロウがアンクレットやジェスの装着に馴れ、違和感を示さなくなってから、拳に乗せることを始めましょう。グローブをはめた拳を軽く握り、親指・人差し指を上にした状態で、地面と水平をキープします。この時、肘を体側に付けておいたほうがより安定し、疲れにくいです。

グローブにフクロウを乗せ、ジェスを握ります。ジェスがすっぽ抜けるのを防ぐため、薬指と小指の間にジェスを抜いて握り込み、余っている係留リーシュは薬指と中指の間に巻いてまとめておき、絡まないように保持します。拳から出るジェスの長さは、フクロウが片脚を上げても邪魔しない程度にややゆとりを持たせておきましょう。フクロウの大きさによってグローブの止める場所は異なりますが、握った親指と人差し指の輪がフクロウの中心にくるように心がけましょう。フクロウの乗っている間は移動時も常に地面と水平であることを心がけ、フクロウが仰反るような突発的な動きは避けること。方向転換はフクロウの進行方向に合わせて回転し、屋外での風向きはフクロウの正面に向けて吹くように立ち位置を配慮してあげます。

しばらくは拳の上で餌を与え続け、そこが安心できる場所、餌が食べられる場所であることを覚えてもらいましょう。

シベリアワシミミズク（大型種）を止めた場合

アフリカワシミミズク（中型種）を止めた場合

拳に飛び移らせる

拳が餌を食べることのできるよい場所になったら、拳に飛び移らせて餌を与えます。まずは普段の場所で行い、係留リードの届く範囲で十分です。リードの端をグローブの金具などに結んでおけばよいでしょう。訓練用の止まり台に止めてから、餌で拳まで飛び移らせてみます。

呼ぶ姿勢は、体を横にしてグローブを水平に出し餌を摘んだピンセットの先だけを見せるようにします。この時、拳の先の進行方向に何もない場所を選びましょう。

呼ぶ声は自由です。必ず決まった音を聞かせると、より反応が強固なものとなるでしょう。

筆者の個人的見解では、複数人で1羽のフクロウを訓練する場合なら笛の有効性はあると考えますが、必要な時にいつも失くなる、余計なモーションが増える、口に咥えたままだと不必要に吹いてしまいがちになる、などの理由から好んでいません。一方、口笛はたまに不発であったり、長距離では聞こえづらいこともあります。そこで、常に同じ声量の大声で呼ぶことにしていますが、たとえば公園で飛ばしていて木に向かって男が一人で大声を出しているのも、周辺からはどう思

われているかという不安は付きまといます。

　餌で拳に呼び、飛び移ったら餌を確実に与えましょう。餌を掴み直して齧りだすような大きさではなく、すばやく飲み込めるサイズにしておくのがよいでしょう。この時、飛んだ経験のない個体では、飛び出すのに勇気が必要になります。野生の親フクロウは、巣立ちをさせるために、あえて餌を遠くに見せて飛び立ちを促します。いたずらに体重を下げるのは推奨できませんが、空腹は呼び水とすることができます。拳で餌を与える行為に時間をかけていれば、決まった餌の時間が遅れれば腹は空き、「餌くれ」の抗議をしてくることでしょう。筋肉総量の体重を落とす、というよりも空腹感を利用するように心がけましょう。

　初期の段階では回数を欲張らず、飛び移ったら餌をひと口と決めずに多くあげるようにします。また、反応の良いうちに切り上げ、拳の上で残りの定量与えて満足させてあげましょう。

　拳に飛び移ったら確実な「報酬」を与え、「狩り」の擬似行為を覚えさせます。

紐付きで拳に呼んで飛ばす

　「拳に飛び移れば餌を食べられる」と覚えたら、いよいよ本番への準備です。まずは重りや杭を使ってラインを張り、フクロウの逃亡対策をしてから始めましょう。地面から10cmくらいの高さにラインを張り、スイベルを通し、拳に届くより余裕を持たせた長さの紐を通してジェスに結びます。紐が絡まったり、下草に引っ掛かったりしてフクロウの飛行を妨げることがないように十分に配慮しましょう。

【ラインでの訓練】

　前日からの餌量を調整し、フクロウの空腹を引き出します。

優先順位

動物は、一つ行動を起こすことにリスクが伴うことを知っています。餌を食べたいという願望もさまざまな状況、状態によって、優先順位が変わってきます。

満腹

- 餌に困っておらず、周辺が嫌でとにかく逃げたい
- 空腹でもないので、静かな場所で安心したい
- 飛んでいってまでは餌を欲しくない
- 飛んでいって食べたいが、飼育者と飼育者周辺が嫌
- 飛んでいって食べたいが、飼育者周辺に不安が残る
- 飛んでいって食べる

空腹

飛んできて食べたいという欲求がなければそもそもが望めませんが、他の要素が邪魔をしている場合は、取り除くか馴らしていくことになります。「飼育者が嫌」は、安心できる場所としての認識が足りないので時間をかける必要があるでしょう。他の不安な要素は遠目に見せることから始め、餌を与えて馴らし、さらに近づけての工程を踏んでいきます。この時、安心感を与えるべき拳の上で不用意に近づくことは避け、スクエアパーチなどに係留して見せるほうがよいでしょう。

ここでフクロウは飛ぶことと「狩り」を覚え、飼育者はフクロウの最低体重を知り、反応のタイミングを覚えることになります。

止まり台から呼ぶことができるようになってきたら、拳から止まり台へ飛び移ることを覚えさせます。止まり台に餌を置いてみるのも手です。

何度か繰り返すと飛ぶのにも自信がついているので、止まり台へフクロウを向けると飛んで行くようになります。ぶん投げるのではなく、送り出す感じで拳を出してあげます。

飛んで行ったらすぐに呼び戻し餌を与え、「拳から止まり台、戻って拳で餌」の一連の流れに対しての「報酬」を約束します。この時、フクロウが自分の都合で飛び立たないように「仕向ける」ことが重要です。フクロウは、止まり台に止まれば呼んでくれることを覚えてしまっているので、先走ることがあります。止まり台が見えないように体の位置を調整したり、向けて飛ばす時の送り出しの呼吸を、阿吽のものにしておくと理想的です。

フクロウ・飼育者が共に自信がつくまでは、紐を付けた訓練を行うとベター。適度な運動を目的としているのならば、ここまでで目的は達成していることになります。屋内ではスペースが足りない、もしくは大型種で外でしか場所が取れない場合において、フリーフライトのリスクのほうが大きいと判断した時はここまでのフライト訓練で十分です。あとは体重を徐々に増加させながら、適度な運動とスキンシップを楽しみましょう。

フリーフライト

フクロウの飛んでくる最低体重と反応がわかればフリーフライトです。フクロウが飼育者の動きを目で追いかけ、呼ばれるのを待っているスタンバイ状態が反応の目安です。ここから、体重を上げていくことになりますが、一度に多くの体重を上げるのも好ましくありません。新しいことを教え、覚えたら上げる、といった階段状に増加させていくとよいでしょう。

また、飛ばす場所には、フクロウにとっての不快な要素は山ほどあることでしょう。できれば不快を示すものがない場所で始めたいですが、緊急時を含め、最終的にはどんな条件下であっても、呼べば戻るようにしておくことが理想です。視野に入るか入らないかぐらいに不快なものを入れておき、体重増加と共に克服させていくとよいでしょう。

仮に、飛ばすフクロウの個性が、

- イヌに不快
- 自転車に乗る人を大不快
- 車はパニックになるほど苦手

とします。

【ターゲットサイト】

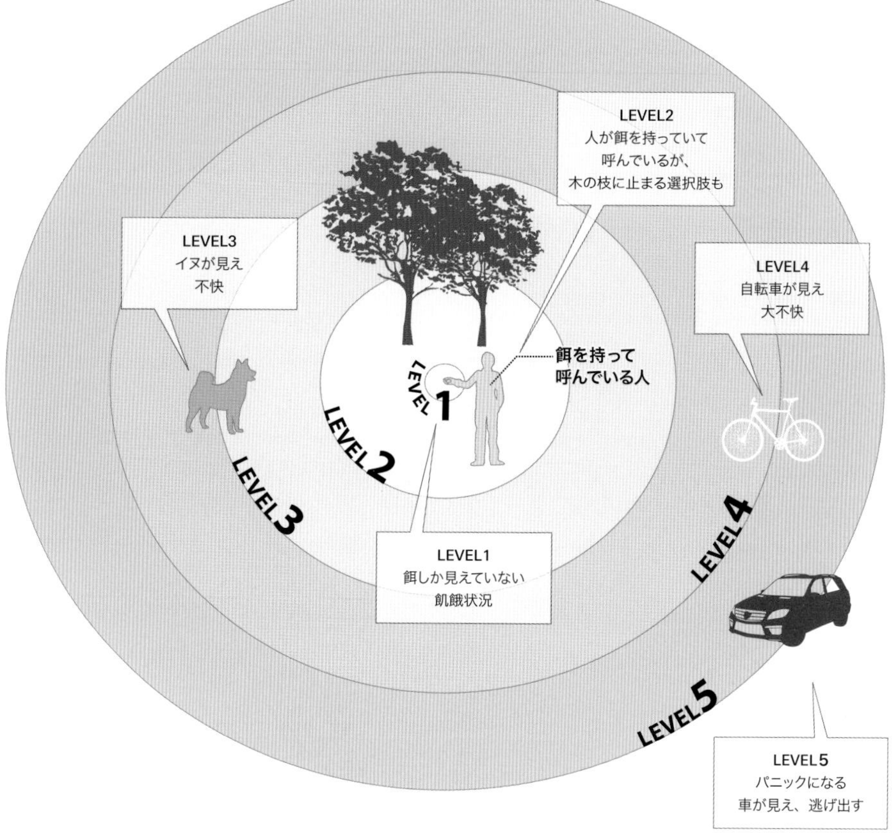

LEVEL1は、視界というよりも餌だけにピントが合ってしまっている状態。呼べばすぐに飛んでくるでしょうが、周りが見えなくなるほどの飢餓状態では健康の心配のほうが先です。また、餌ばかりに執着しすぎているので周囲が見えておらず、実際には訓練は進んでいません。

LEVEL2の状況では、飼育者の拳上と天秤にして、居心地の良さそうな木の上の選択肢が見えています。周辺に不安要素が多ければ、迷わず木の上を選ぶでしょう。人の拳上より優先順位の高そうなものは排除しておく必要があります。

LEVEL3～5からは一度に見せる必要はありませんが、視界に入りながらも呼べば飛んでくる「不快」との距離感を探しつつ、一つ一つを克服していくとよいでしょう。

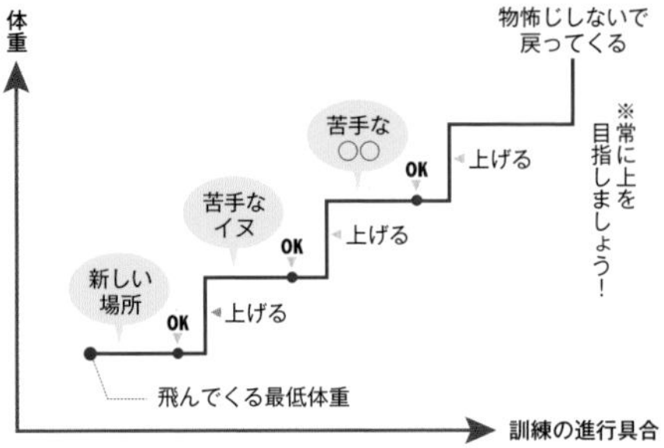

最終的な理想は、LEVEL5の状態で何の苦手もなく飛ばせることですが、一朝一夕で到達できるものではありません。日々の訓練でフクロウとの呼吸を合わせ、時には排除、時には見せてを繰り返し、時間をかけて共に学んでいくことになります。

また、健康のためにフライト訓練をするはずが、扱いやすさからの安易な「詰め」で体調を崩してしまっては本末転倒になります。人の都合を押し付けず、時間をかけてフライト訓練の質の向上を目指して行きましょう。

フクロウにとって初めての高い所は怖いですが、こちらにピントが合っていれば大丈夫です

訓練中のメンフクロウ

訓練中のシベリアワシミミズク

呼んでから拳上にくるまでの連続写真

高い所に飛んでいき降りてこなくなった

不快なものを嫌って高い所へ飛んだのであれば、さらに移動されないためにできるだけ不快の原因を遠ざけるように務めましょう。訓練の状況にもよりますが、不快なものがいなくなって落ち着きを戻してから呼び戻してみてください。高い所から降りた経験がない場合、怖くて降りられないことも考えられます。少し距離を取り、角度を緩やかにしてあげることで、高い所からの恐怖心も和らぎ、戻りやすくなることもあります。満腹状態で飛んでいき、落ち着く場所として選ばれた場合は、最悪、眠りに入ってしまいます。空腹になるまで待つか(状況によっては一日では済まない)、ハシゴなどをかけて登り、ジェスを掴んで降ろすことになるでしょう。この時、ハシゴなどで驚いて飛んでいかないように慎重に行うことを心がけましょう。また、常にフクロウを見張り、飛んで行った際の迅速な対処ができるようにしておきましょう。「お泊り」「木登り」は、飼育者の判断によって選ぶことになりますが、どちらも飼育者の力不足が原因であることは自覚しましょう。

ロストしてしまった時の対処

フライト時に限らず、飼育中の不注意からの脱走も含まれます。細心の注意を払っていても、万が一ということもあるかもしれません。まず、周辺環境を見渡し、カラスや小鳥が騒いでいる所がないかを探します。たいていがカラスや小鳥に見つかると、排除しようと一斉にモビング(擬攻)を仕掛けられるので、その渦中を捜索します。いた場合は周辺の脅威が去るのを待ち、「高い所から降りてこなくなった」を実行しましょう。カラスなどの反応がない場合、ロストした場所から徐々に捜索範囲を広げていき、逃げ込みそうな場所や木々の多い場所を探していきます。この時、鈴が付いていると探しやすくなるでしょう。捜索をしながら、保護されるのを待つことになりますが、不本意ではあるものの飼育されているフクロウは「落し物」扱いになります。警察へ遺失物届けを出し、フクロウが逃げたことを伝えておきましょう。この時、リングナンバーは飼い主である証になるので非公開としておき、保護された時に提示して相互確認をとってもらうとよいでしょう。また、公共の保護センターへ届けられている場合もあるので、県庁に確認し該当する保護センターへも連絡とっておくよいでしょう。

無事に保護できた場合は、怪我や衰弱状況を確認し、迅速な処置を行います。また、保護してくれた人や連絡した各機関に、報告とお礼をすることを忘れないようにしましょう。

PERFECT
PET
OWNER'S
GUIDES

Q&A

フクロウ飼育にまつわる いろいろな疑問

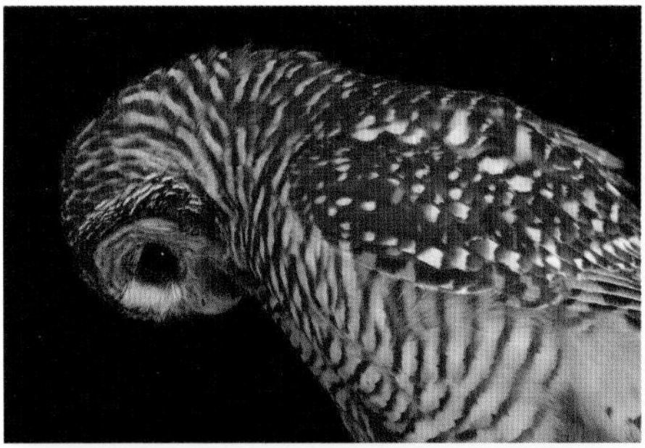

Q フクロウの雛が首を傾けながらコチラを見ます。かわいすぎるのですが、何をしているのですか?

A. フクロウの眼球は、情報を処理する網膜(もうまく)の上半分に神経が集中していて、下からの情報に強いと言われています。木の上から地面がよく見える、ということですが、あなたを覗き込むために頭を逆さまにして「見下ろして」よく観察している状態です。かわいいですね。

Q フクロウとミミズクって何が違うの?

A. フクロウの仲間には頭の上に、耳のように見える羽毛を持った種類がいます。これは、羽角(うかく)と呼ばれる飾り羽根で実際には耳ではありません。この羽角を持った種類を、日本では総称して「ミミズク」と呼び、「フクロウ」と区別されています。諸説ありますが、「ミミ」は耳として、「ズク」もウサギ由来の長い耳を表す言葉であると言われています。これら羽角のついたフクロウを「〜ミミズク」「〜ズク」と呼んでいますが、アオバ「ズク」には羽角がないし、羽角があってもシマ「フクロウ」と、かなり曖昧に使われています。ちなみに英名には「ミミズク」に対応する言葉はなく、区別なく「Owls=フクロウ」と呼ばれています。学術的な分類用語ではありませんので、どちらも「フクロウ」の仲間となります。

Q フクロウは瞼が3枚あると聞きました。本当ですか?

A. 通常の上瞼、下瞼に加え、目の付け根から横方向に開閉する半透明の膜があります。瞬間的に開閉することから瞬膜(しゅんまく)と呼ばれますが、フクロウに限らず鳥類全般に発達して見られる器官です(両生類、爬虫類ほか、哺乳類にも持つものがいます)。種類によって透明度は異なりますが、視界を確保しながら目を守る働きをしていて、獲物を捕える瞬間、木に止まる瞬間だけでなく、親が雛に餌をあげる時にもつつかれないように瞬膜を閉じています。残念ながら人には瞬膜がありませんが、目ヤニがよく出るあそこに、痕跡が残っています。

Q フクロウはCITESの生き物です！ 飼っていいと思っているのですか？

A. CITESとはワシントン条約とも呼ばれますが、「絶滅のおそれのある野生動植物の種の国際取引に関する条約」の略称になります。天然記念物やレッドデータとは異なるもので、国際的な取引を規制することによって、将来的に絶滅のおそれのある動植物の保護を目的としています。稀少の度合いによって附属書Ⅰ類、Ⅱ類、Ⅲ類の項目に分けられていますが、一部のⅠ類の種類を除き、フクロウ全種がⅡ類に分類されています（巻末フクロウリスト参照）。Ⅰ類のフクロウの流通はまず見られないので割愛しますが、Ⅱ類に関しては特に国内での飼育に必要なものはありません。ただし、海外移住の際にフクロウを連れて行く場合、もしくは繁殖した個体を海外に販売する場合に関しては、サイテスの輸入許可証が必要になります。Ⅱ類は個体ごとに発行されるものではないので、ショップや輸入業者まで辿ってコピーをもらい、輸出許可を取ることになります。しかし、サイテス原本は税関に提出してしまうし、輸入許可証に関しては、かつては経済産業省に返却の義務があったので、よほどマメな業者でなければコピーを残していないケースが多く、入手できない場合は難しいと言えるでしょう。その他、国産種のフクロウの密猟に関しては、有用かと思われます。生息域の重複する種類や、酷似した種類の飼育に、輸入許可証のコピーがあることによって国産種ではないことの証明に繋がるかもしれません。今後は、ショップ側にもコピーの保管などのマナーが求められていく時代になるでしょう。

Q フクロウで鷹狩がしてみたい！ できるの？

A. フクロウでも鷹狩は可能です。実際に、スペインでワシミミズクでの狩りを見させてもらったことがあります。広大な果樹園を車で走らせてノウサギが駆け出すのを待ち、出現と同時にワシミミズクを拳から放って見事に抑え込んでおりました。1時間程度でしたが、5回遭遇して3羽を捕獲と、かなり優秀な成績でした。では、日本ではどうでしょうか。まず、狩猟については「鳥獣の保護及び管理並びに狩猟の適正化に関する法律（以下、狩猟法）」に則って、狩猟期間、場所、対象の鳥獣、捕獲数を守らなければなりません。また、鷹狩に関しては自由猟法の位置づけになりますが（禁止猟法ではない、ということ）、あくまで自分の指先のごとく鷹を扱えるようになっていることが大前提になると考えています。そして、無駄な軋轢を生まないためにも、銃猟者との住み分けを考慮して銃猟禁止区域で狩猟を行い、また、銃猟に合わせて日の出から日没までと狩猟時間を自粛するなどの工夫も必要かと思われます。筆者の場合、狩猟の勉強に参加した証と義務を負うという名目で、「網猟免許」と「わな猟免許」を取得し納税を行っています。

さて、フクロウでの「梟狩」はどうでしょう

ワシミミズクでの狩り

か。対象の狩猟鳥獣はノウサギ、もしくは小型でスピードのあるフクロウでは、ムクドリ、ヒヨドリ、スズメなどが狙えるかもしれません。しかし、待ち伏せから所在を突き止めて確保するというフクロウの狩りの特性上、拳に乗せて行う「鷹狩」手法は難しいと言わざるを得ません。やはりフクロウでこその狩りの持ち味は夜目が利くことでしょうが、前述のとおりあまりお勧めできないことと、暗闇では人間側の判断が鈍ることになると思います。

ここは狩猟法の大原則である「農林水産業の健全な発展に寄与する」べく、イエネズミ3種（ハツカネズミ、クマネズミ、ドブネズミ）から、米蔵の番をする「梟狩」がいいかもしれません。実際に、メンフクロウと一緒に張り込んでみましたが、かなりの数が捕獲できました。困っている農家の人がいたら、ひと肌脱いでみてはいかがでしょうか。

Q コラムを読み、ウラルフクロウの雛の保護に関わりました。雛では生きていけないと思うので、そのまま飼育することにしました。良いことをしましたよね？

A. 綿毛も生えていないような雛が巣から落ちていたのなら、保護の対象になりうると思いますが、保温や餌も特殊な方法になるので、保護施設との連携が迅速に行われても、多くの場合は死んでしまいます。ウロウロしている雛でしたら、周辺を散歩していた最中であると思われ、地面にいたとしても自力でなんとかできるでしょう。近くに親がいて世話もしていると思われるので、誤認保護になりえます。また、届けずにそのまま飼育することは法律違反になります。誘拐犯です。

Q フクロウのフリーフライトまでは考えていません。でも、運動はさせたほうがいいの？

A. フクロウの多くは、蓄えたエネルギーを極力消費しないような行動様式と体の構造をしていますが、飼育下でのフクロウは絶対的な運動量が不足しがちです。本文でも述べましたが、適度な運動は代謝を活発にし、餌の要求も増えるので健康維持に繋がります。年中係留したままでの飼育では、肥満からくる病気や脚の疾患、食欲の減退からの体調不良などが懸念されます。フリーフライト以外にも、屋内で放す、紐付きで短距離を羽ばたかせてみる、飛び回れる禽舎に放すなど飼育スタイルにあった方法で運動させてあげましょう。

Q 公園で飛ばしてもいいの？

A. 公園法を遵守するのはもちろんですが、それぞれの公園での規則やルールに即していれば大丈夫だと思います。しかし、公園のルールに「犬のリードを外さないようにしましょう」とあった場合は、フクロウの係留リードも外してはいけないと解釈するべきでしょう。「フクロウを飛ばさないでください」と書いていないからではなく、規制される前に節度を持った公園利用に努めましょう。他の利用者の様子を見て、筆者も地元ではよく公園を利用しておりました。イヌの散歩をする人も多いので、(語弊はありますが)フクロウの苦手なモノを克服させる訓練に便利です。しかし、一度あったことですが、チャコモリフクロウの苦手克服に(平日の昼間から働きもせず)拳に乗せて、のんびりベンチに座っていた時のことです。イヌの放し飼い禁止ルールの公園で、ノーリードのイヌが筆者の拳目がけて飛びついてきました。イヌがさらに興味を示さないように暴れるフクロウを保定し、犬の飼い主にはリードでの拘束を求めました。飼い主は「ウチの子は大丈夫」の一点張りで、さらにはフクロウを連れて来ていることを非難し始めました。実は、だれもいない間にフリーフライトを楽しんでいたので、バツが悪かったのもありますが、野糞している最中の人に立ち小便を注意されたようで、何かモヤモヤしたものが残りました。さまざまな考えかたの人々が利用するのが公園でしょうから、マナーを守って、気持ちよく利用していきたいものですね。くれぐれも「ウチの子は大丈夫」という考えかたはしないようにしましょう。

Q フリーフライトをさせています。呼んでも一発で飛んできてくれません。フクロウのフライトショーのように、呼べば一発で飛んでくるようにするにはどうすればいいですか?

A. 呼び声一発で飛んできてくれるには、ずばり「一発で来そうな時に呼ぶ」です。

コロンブスの卵のような話でドヤ顔するつもりもありませんが、そもそも飛ぶ準備ができていて、飼育者の一挙手一投足を注視している状態で呼ぶべきと「訓練」で述べました。呼んでも反応しない時は、飛ばしません。「何度も呼んでやっと飛んできた」は、フクロウにとっては「うるさいな、自分のペースで行けば餌出るの知ってるんだから」と、フクロウ起点のフライトになってしまっている状態です。また、最もよろしくないのは「呼んでも来ないから近づいて行く、もしくは迎えに行く」行為です。極力楽をしたいフクロウは、待っていれば飼い主を動かせることを覚えてしまい、呼んでも呼んでも待つようになり、逆訓練になります。回数は少なくても一発で呼んで飛んでくる訓練を毎日重ねていけば、よりその「呼び声」の重み・ありがたみが増し、フクロウは飼い主が呼ぶのを待つように強化されていきます。筆者も「フライトショー」で各地のステージに立ちますが、日々の訓練の積み重ねによって、信頼したフクロウを連れて行っています。ごくたまに、呼んでも腰の重いフクロウを「ピエロ役」としてステージでご紹介する時もあります(と、言いわけも用意させていただきます)。

Q フクロウがグローブを強く握りこんで固まってしまいます。どうすればいいでしょうか?

A. 非常によく聞くケースです。まず、なぜそのような行動を取るかを考えてみましょう。きっかけはさまざまですが、柔らかい素材のグローブを握り込んで餌がもらえた場合、獲物を押さえ込んで餌、即ちフクロウは狩りが成功したと捉えます。しかし、丸呑みして満足得られるほどには一度にもらえないので、さらに握りこんで獲物を殺そうとし、グローブをより強く握り込むことでしょう。握ることで餌がもらえると、誤認したまま訓練が入っていっている状態です。グローブが獲物になってしまっているので、握りこんだグローブの爪を無理に剥がそうとすると、獲物を横取りする行為となり、飼育者への不信感だけが募り逆効果になります。まずは、握りだすほどに体重を下げないように訓練を始めることです。飢餓状態よりも、空腹感のみを引き出してあげましょう。握ってきた場合には報酬の餌は与えず、自発的に握りを解除するまで何時間でも拳に乗せて待つか、止まり木に戻して「リセット」。その日の訓練は終了です。爪を使わないで済むような「ゆとり教育」の擬似狩り訓練を組み立ててあげましょう。

握り込むようになってしまった個体の場合、毎日の訓練で培ったものであるので、直すのにもかけた以上に時間が必要になるかもしれません。矯正の依頼を何度か受けたことがありますが、握らなくなるまで係留場所で餌を与え、満たされた状態からグローブに乗せる訓練に入ります。日常の餌を握らぬままグローブからしばらく与え続け、握り込む必要がないことを覚えさせます。握らないことが習慣になった状態で、再度訓練を一から組み立てていきます。この際、いたずらに体重を下げて悪癖が出ないようにするため、苦手なモノのない平穏な場所で行いましょう。また、物理的に握り込めないようなモノに変えてみるのも一考です。たとえば、止まり木と同程度の円周の塩ビパイプを使って、T字状にパーチ部分と握り手部分を組み、爪の入らない素材を巻きます。このTパーチをグローブで持ち、パーチ部分にのみ止まらせて訓練することで、直す時間の短縮が期待できます。

飼育下の限られた条件では、フクロウに現れた悪癖は必ず因果を含みます。もし、他の飼育者仲間がいるなら、自分に変な動きや習慣がないか見直してもらうのもいいかもしれません。

Q. フクロウは、どのくらいで長生きさせてあげたと言えるでしょうか?

A. 難しい質問です。一般的に、超小型種で8〜10年、小型種で10〜15年、中型種で15〜20年、大型種は30年〜が寿命の目安とされています。しかし、冷凍餌の品質向上や各種サプリメントの普及からの日も浅く、飼育実績としてのデータはまだ多くはありません。今後、飼育下でのフクロウの平均寿命は長くなっていくことが予想されます。反面、飼育されているフクロウのほとんどがCB個体になりつつあります。まだ特に聞かれていませんが、インブリード(近親交配)による弊害も今後出てくるかもしれません。事故を未然に防ぎ、栄養・運動・環境とバランス良く提供してあげることができれば、長生きに繋がっていくことでしょう。長く、楽しくフクロウと共に生活していけるといいですね。

フクロウ目（ORDER STRIGIFORMES）全種リスト

学名·英名は「IOC World bird list Ver.10.1」の分類に準拠しました。和名は「世界鳥類和名辞典」「世界鳥類 和名·英名·学名 対象辞典 第5.2版」を参考にし、「山階鳥学誌 フクロウ目の新しい種和名」レポートにあった新称·改称を優先しました（末尾に【新】【改】）。なお、和名の与えらえていない種類に関しては、すでに国内で紹介されている「ザ·フクロウ」での命名を採用しました。新しく分類されている種類のほか、英名の変更や分類の細分化·統合によって整合性の取れなくなった和名に関しては、上記の一部も含め、便宜上、藤井が仮名を与えました（末尾に※）。

備考欄のCITESI、二国間の渡り鳥等保護条約·協定により保護されているフクロウの中で、学名が異なる場合はやむを得ず併記しました。

学名	英名	和名	備考	掲載頁
Family Tytonidae（メンフクロウ科）				
└Genus *Tyto*（メンフクロウ属）				
Tyto tenebricosa	Greater Sooty Owl	ススイロメンフクロウ		
Tyto multipunctata	Lesser Sooty Owl	ヒメススイロメンフクロウ		
Tyto inexspectata	Minahassa Masked Owl	ミナハサメンフクロウ		
Tyto nigrobrunnea	Taliabu Masked Owl	スラメンフクロウ		
Tyto sororcula	Moluccan Masked Owl	モルッカメンフクロウ（新）		
Tyto manusi	Manus Masked Owl	マヌスメンフクロウ		
Tyto aurantia	Golden Masked Owl	ニューブリテンメンフクロウ		
Tyto novaehollandiae	Australian Masked Owl	オオメンフクロウ		
T. n. castanops		※亜種	二国間	
T. n. kimberli		※亜種	二国間	
T. n. melvillensis		※亜種	二国間	
Tyto rosenbergii	Sulawesi Masked Owl	セレベスメンフクロウ		
Tyto soumagnei	Red Owl	マダガスカルメンフクロウ	CITESI	
Tyto alba	Western Barn Owl (/Common Barn Owl)	メンフクロウ		20
Tyto furcata	American Barn Owl	アメリカメンフクロウ（新）		
Tyto javanica	Eastern Barn Owl	オーストラリアメンフクロウ（新）		
Tyto deroepstorffi	Andaman Masked Owl	アンダマンメンフクロウ		
Tyto glaucops	Ashy-faced Owl	ハイガオメンフクロウ /ヒスパニョラメンフクロウ（改）		26
Tyto capensis	African Grass Owl	ミナミメンフクロウ （ソウゲンメンフクロウ※）		
Tyto longimembris	Eastern Grass Owl	ヒガシメンフクロウ （ヒガシソウゲンメンフクロウ※）		
└Genus *Phodilus*（ニセメンフクロウ属）				
Phodilus prigoginei	Congo Bay Owl	コンゴニセメンフクロウ		
Phodilus badius	Oriental Bay Owl	ニセメンフクロウ		28
Phodilus assimilis	Sri Lanka Bay Owl	セイロンニセメンフクロウ（新）		
Family Strigidae（フクロウ科）				
└Genus *Otus*（コノハズク属）				
Otus gurneyi (*Mimizuku gurneyi*)	Giant Scops Owl	オニコノハズク	CITESI	
Otus sagittatus	White-fronted Scops Owl	ハナジロコノハズク		
Otus rufescens	Reddish Scops Owl	アカチャコノハズク		
Otus thilohoffmanni	Serendib Scops Owl	セイロンコノハズク（新）		
Otus icterorhynchus	Sandy Scops Owl	アカヒメコノハズク		
Otus ireneae	Sokoke Scops Owl	ハイイロコノハズク		
Otus balli	Andaman Scops Owl	アンダマンコノハズク		
Otus alfredi	Flores Scops Owl	フロレスコノハズク		
Otus spilocephalus	Mountain Scops Owl	タイワンコノハズク		
Otus brookii	Rajah Scops Owl	ラジャーオオコノハズク		
Otus angelinae	Javan Scops Owl	ジャワコノハズク		
Otus mentawi	Mentawai Scops Owl	ムンタワイオオコノハズク（改）		
Otus bakkamoena	Indian Scops Owl	インドオオコノハズク		30
Otus lettia	Collared Scops Owl	カラードオオコノハズク※ （クビワオオコノハズク） /チャメオオコノハズク（新）		34
Otus semitorques	Japanese Scops Owl	キョクトウオオコノハズク		
O. s. semitorques		（基亜種）（キョクトウ）オオコノハズク	日本	

学名	英名	和名	備考	掲載頁
O. s. pryeri		（亜種）リュウキュウオオコノハズク	日本	
Otus lempiji	Sunda Scops Owl	スンダオオコノハズク （スンダコノハズク）		36
Otus fuliginosus	Palawan Scops Owl	パラワンコノハズク		
Otus megalotis	Philippine Scops Owl	フィリピンコノハズク （ルソンオオコノハズク）		
Otus everetti	Everett's Scops Owl	エバレットコノハズク※/ ミンダナオオオコノハズク（新）		
Otus nigrorum	Negros Scops Owl	ネグロスオオコノハズク（新）		
Otus silvicola	Wallace's Scops Owl	フロレスオオコノハズク		
Otus mirus	Mindanao Scops Owl	ミンダナオコノハズク		
Otus longicornis	Luzon Scops Owl	ルソンコノハズク		
Otus mindorensis	Mindoro Scops Owl	ミンドロコノハズク		
Otus brucei	Pallid Scops Owl	サバクコノハズク		40
Otus senegalensis	African Scops Owl	アフリカコノハズク		
Otus pamelae	Arabian Scops Owl	アラビアコノハズク（新）		
Otus scops	Eurasian Scops Owl	ヨーロッパコノハズク		42
Otus cyprius	Cyprus Scops Owl	キプロスコノハズク（新）		
Otus sunia	Oriental Scops Owl	コノハズク		
O. s. japonicus		（亜種）コノハズク	日本	
Otus socotranus	Socotra Scops Owl	ソコトラコノハズク（新）		
Otus magicus	Moluccan Scops Owl	モルッカコノハズク		
Otus jolandae	Rinjani Scops Owl	リンジャニコノハズク		
Otus sulaensis	Sula Scops Owl	スラコノハズク（新）		
Otus siaoensis	Siau Scops Owl	シアウコノハズク（新）		
Otus mantananensis	Mantanani Scops Owl	マンタナニコノハズク（新）		
Otus elegans	Ryukyu Scops Owl	（基亜種）リュウキュウコノハズク	日本	
O. e. interpositus		（亜種）ダイトウコノハズク	日本	
Otus manadensis	Sulawesi Scops Owl	セレベスコノハズク		
Otus collari	Sangihe Scops Owl	サンギヘコノハズク		
Otus beccarii	Biak Scops Owl	ビアクコノハズク		
Otus insularis	Seychelles Scops Owl	セーシェルコノハズク		
Otus umbra	Simeulue Scops Owl	シムルエコノハズク（改）		
Otus enganensis	Enggano Scops Owl	エンガノコノハズク		
Otus alius	Nicobar Scops Owl	ニコバルコノハズク		
Otus pembaensis	Pemba Scops Owl	ペンバコノハズク		
Otus pauliani	Karthala Scops Owl	グランドコモロコノハズク		
Otus capnodes	Anjouan Scops Owl	アンジュアンコノハズク		
Otus moheliensis	Moheli Scops Owl	モヘリコノハズク		
Otus mayottensis	Mayotte Scops Owl	マヨットコノハズク（新）		
Otus madagascariensis	Torotoroka Scops Owl	オナガマダガスカルコノハズク（新）		
Otus rutilus	Rainforest Scops Owl	マダガスカルコノハズク		
Otus hartlaubi	Sao Tome Scops Owl	サントメコノハズク		
└Genus *Mascarenotus*（*Mascarenotus*属）				
Mascarenotus grucheti	Reunion Owl	リユニオンフクロウ※	絶滅	
Mascarenotus sauzieri	Mauritius Owl	モーリシャスフクロウ※	絶滅	
Mascarenotus murivorus	Rodrigues Owl	ロドリゲスフクロウ※	絶滅	
└Genus *Psiloscops*（*Psiloscops*属）				
Psiloscops flammeolus	Flammulated Owl	アメリカコノハズク		

学名	英名	和名	備考	掲載頁
└Genus *Megascops*（*Megascops*属）				
Megascops asio	Eastern Screech Owl	(ヒガシ)アメリカオオコノハズク		
Megascops kennicottii	Western Screech Owl	ニシアメリカオオコノハズク		44
Megascops seductus	Balsas Screech Owl	バルサスオオコノハズク		
Megascops cooperi	Pacific Screech Owl	クーパーコノハズク		
Megascops trichopsis	Whiskered Screech Owl	ヒゲコノハズク		
Megascops choliba	Tropical Screech Owl	スピックスコノハズク		46
Megascops roboratus	West Peruvian Screech Owl	シロエリオオコノハズク		
Megascops koepckeae	Koepcke's Screech Owl	ケペケオオコノハズク(新)		
Megascops clarkii	Bare-shanked Screech Owl	パナマオオコノハズク		
Megascops barbarus	Bearded Screech Owl	ヒゲオオコノハズク		
Megascops ingens	Rufescent Screech Owl	アンデスオオコノハズク		
Megascops petersoni	Cinnamon Screech Owl	ピーターソンコノハズク /ニッケイコノハズク(新)		
Megascops marshalli	Cloud-forest Screech Owl	マーシャルコノハズク /アンデスコノハズク		
Megascops watsonii	Tawny-bellied Screech Owl	チャバラオオコノハズク		
Megascops guatemalae	Middle American Screech Owl	ハラグロオオコノハズク /キタホソジマオオコノハズク(改)		
Megascops vermiculatus	Vermiculated Screech Owl	チリメンコノハズク/ ホソジマオオコノハズク		
Megascops roraimae	Foothill Screech Owl	ロライマコノハズク(新)		
Megascops centralis	Choco Screech Owl	チョコオオコノハズク(新)		
Megascops hoyi	Yungas Screech Owl	ホイコノハズク /ユンガスオオコノハズク(新)		
Megascops atricapilla	Black-capped Screech Owl	ズグロオオコノハズク		
Megascops sanctaecatarinae	Long-tufted Screech Owl	ミミナガオオコノハズク		
Megascops nudipes	Puerto Rican Screech Owl	プエルトリコオオコノハズク		
Megascops albogularis	White-throated Screech Owl	ノドジロオオコノハズク		
Megascops gilesi	Santa Marta Screech Owl	サンタマルタオオコノハズク※		
└Genus *Pyrroglaux*（カキイロコノハズク属）				
Pyrroglaux podargina (*Otus podargina*)	Palau Owl	カキイロコノハズク	二国間	
└Genus *Margarobyas*（ユビナガフクロウ属）				
Margarobyas lawrencii	Bare-legged Owl	ユビナガフクロウ		
└Genus *Ptilopsis*（アフリカオオコノハズク属）				
Ptilopsis leucotis	Northern White-faced Owl	(キタ)アフリカオオコノハズク		
Ptilopsis granti	Southern White-faced Owl	ミナミアフリカオオコノハズク		50
└Genus *Bubo*（ワシミミズク属）				
Bubo scandiacus	Snowy Owl	シロフクロウ	日本	56
Bubo virginianus	Great Horned Owl	アメリカワシミミズク		60
Bubo magellanicus	Lesser Horned Owl	マゼランワシミミズク		
Bubo bubo	Eurasian Eagle-Owl	(ユーラシア)ワシミミズク		62
B. b. sibiricus		(亜種)シベリアワシミミズク		62
B. b. turcomanus		(亜種)トルクメニアンワシミミズク		
B. b. borissowi		(亜種)カラフトワシミミズク	日本	
Bubo bengalensis	Indian Eagle-Owl	ベンガルワシミミズク		66
Bubo ascalaphus	Pharaoh Eagle-Owl	ファラオワシミミズク／ サバクワシミミズク		68
Bubo capensis	Cape Eagle-Owl	イワワシミミズク／ ケープワシミミズク		69
Bubo africanus	Spotted Eagle-Owl	アフリカワシミミズク		70
Bubo cinerascens	Greyish Eagle-Owl	アビシニアワシミミズク／ ハイイロワシミミズク(新)		72
Bubo poensis	Fraser's Eagle-Owl	フレイザーワシミミズク／ コヨコジマワシミミズク		
Bubo vosseleri	Usambara Eagle-Owl	ウサンバラワシミミズク※		
Bubo nipalensis	Spot-bellied Eagle-Owl	ネパールワシミミズク		73
Bubo sumatranus	Barred Eagle-Owl	マレーワシミミズク		74
Bubo shelleyi	Shelley's Eagle-Owl	ヨコジマワシミミズク		
Bubo lacteus	Verreaux's Eagle-Owl	クロワシミミズク／ ミルキーワシミミズク		75
Bubo coromandus	Dusky Eagle-Owl	ウスグロワシミミズク		
Bubo leucostictus	Akun Eagle-Owl	アクンワシミミズク		
Bubo philippensis	Philippine Eagle-Owl	フィリピンワシミミズク		
Bubo blakistoni	Blakiston's Fish Owl	シマフクロウ		
B. b. blakistoni		(基亜種)シマフクロウ	日本	
└Genus *Ketupa*（ウオミミズク属）				
Ketupa zeylonensis	Brown Fish Owl	ミナミシマフクロウ		
Ketupa flavipes	Tawny Fish Owl	ウオミミズク		
Ketupa ketupu	Buffy Fish Owl	マレーウオミミズク		76
└Genus *Scotopelia*（ウオクイフクロウ属）				
Scotopelia peli	Pel's Fishing Owl	ウオクイフクロウ		
Scotopelia ussheri	Rufous Fishing Owl	アカウオクイフクロウ		
Scotopelia bouvieri	Vermiculated Fishing Owl	タテジマウオクイフクロウ		77
└Genus *Strix*（フクロウ属）				
Strix seloputo	Spotted Wood Owl	マレーモリフクロウ		
Strix ocellata	Mottled Wood Owl	インドモリフクロウ		
Strix leptogrammica	Brown Wood Owl	オオフクロウ		78
Strix aluco	Tawny Owl	モリフクロウ		80
Strix mauritanica	Maghreb Owl	マグリブモリフクロウ※		
Strix nivicolum	Himalayan Owl	ヒマラヤモリフクロウ /ミヤマモリフクロウ(新)		
Strix butleri	Omani Owl	ウスイロモリフクロウ		
Strix hadorami	Desert Owl	サバクフクロウ(新)		
Strix occidentalis	Spotted Owl	ニシアメリカフクロウ		
Strix varia	Barred Owl	アメリカフクロウ		
Strix sartorii	Cinereous Owl	メキシコフクロウ(新)		
Strix fulvescens	Fulvous Owl	セアカフクロウ /チュウベイフクロウ(新)		
Strix hylophila	Rusty-barred Owl	ブラジルモリフクロウ		85
Strix chacoensis	Chaco Owl	チャコモリフクロウ		86
Strix rufipes	Rufous-legged Owl	アカアシモリフクロウ		
Strix uralensis	Ural Owl	(ウラル)フクロウ		90
S. u. japonica		(亜種)エゾフクロウ	日本	
S. u. hondoensis		(亜種)(トウホク)フクロウ	日本	
S. u. momiyamae		(亜種)モミヤマフクロウ	日本	
S. u. fuscescens		(亜種)キュウシュウフクロウ	日本	
Strix davidi	Pere David's Owl	シセンフクロウ		
Strix nebulosa	Great Grey Owl	カラフトフクロウ		92
Strix woodfordii	African Wood Owl	アフリカヒナフクロウ		96
Strix virgata	Mottled Owl	ナンベイヒナフクロウ		98
Strix albitarsis	Rufous-banded Owl	アカオビヒナフクロウ		
Strix nigrolineata	Black-and-white Owl	シロクロヒナフクロウ		
Strix huhula	Black-banded Owl	クロオビヒナフクロウ		100
└Genus *Jubula*（タテガミズク属）				
Jubula lettii	Maned Owl	タテガミズク		
└Genus *Lophostrix*（カンムリズク属）				
Lophostrix cristata	Crested Owl	カンムリズク/ ミミナガフクロウ		
└Genus *Pulsatrix*（メガネフクロウ属）				
Pulsatrix perspicillata	Spectacled Owl	メガネフクロウ		102
Pulsatrix koeniswaldiana	Tawny-browed Owl	キマユメガネフクロウ		
Pulsatrix melanota	Band-bellied Owl	アカオビメガネフクロウ		104
学名	英名	和名	備考	掲載頁
Genus *Surnia*（オナガフクロウ属）				
Surnia ulula	Northern Hawk-Owl	オナガフクロウ		105

学名	英名	和名	備考	掲載頁
└Genus *Glaucidium*（スズメフクロウ属）				
Glaucidium passerinum	Eurasian Pygmy Owl	スズメフクロウ		
Glaucidium brodiei	Collared Owlet	ヒメフクロウ		
Glaucidium sylvaticum	Sunda Owlet	スンダスズメフクロウ※		
Glaucidium perlatum	Pearl-spotted Owlet	アフリカスズメフクロウ		
Glaucidium californicum	Northern Pygmy Owl	カリフォルニアスズメフクロウ		
Glaucidium gnoma	Mountain Pygmy Owl	ロッキースズメフクロウ		
Glaucidium hoskinsii	Baja Pygmy Owl	バハスズメフクロウ(新)		
Glaucidium cobanense	Guatemalan Pygmy Owl	グアテマラスズメフクロウ※		
Glaucidium costaricanum	Costa Rican Pygmy Owl	コスタリカスズメフクロウ※		
Glaucidium jardinii	Andean Pygmy Owl	アンデススズメフクロウ		
Glaucidium nubicola	Cloud-forest Pygmy Owl	コロンビアスズメフクロウ(新)		
Glaucidium bolivianum	Yungas Pygmy Owl	ユンガススズメフクロウ(新)		
Glaucidium palmarum	Colima Pygmy Owl	コリマスズメフクロウ(改)		
Glaucidium sanchezi	Tamaulipas Pygmy Owl	タマウリパススズメフクロウ(新)		
Glaucidium mooreorum	Pernambuco Pygmy Owl	ペルナンブコスズメフクロウ(新)		
Glaucidium griseiceps	Central American Pygmy Owl	チュウベイスズメフクロウ		
Glaucidium parkeri	Subtropical Pygmy Owl	パーカースズメフクロウ /アネッタイスズメフクロウ		
Glaucidium hardyi	Amazonian Pygmy Owl	アマゾンスズメフクロウ		
Glaucidium minutissimum	East Brazilian Pygmy Owl	コスズメフクロウ		
Glaucidium brasilianum	Ferruginous Pygmy Owl	アカスズメフクロウ		106
Glaucidium peruanum	Pacific Pygmy Owl	ペルースズメフクロウ		
Glaucidium nana	Austral Pygmy Owl	オストラルスズメフクロウ /ミナミスズメフクロウ		
Glaucidium siju	Cuban Pygmy Owl	キューバスズメフクロウ		
Glaucidium tephronotum	Red-chested Owlet	ムネアカスズメフクロウ		
Glaucidium sjostedti	Sjöstedt's Barred Owlet	セアカスズメフクロウ		
Glaucidium cuculoides	Asian Barred Owlet	オオスズメフクロウ		107
Glaucidium castanopterum	Javan Owlet	ジャワスズメフクロウ		
Glaucidium radiatum	Jungle Owlet	モリスズメフクロウ		
Glaucidium castanotum	Chestnut-backed Owlet	クリイロスズメフクロウ /クリセスズメフクロウ		
Glaucidium capense	African Barred Owlet	ヨコジマスズメフクロウ		
Glaucidium albertinum	Albertine Owlet	コンゴスズメフクロウ(新)		
└Genus *Xenoglaux*（カオカザリヒメフクロウ属）				
Xenoglaux loweryi	Long-whiskered Owlet	カオカザリヒメフクロウ		
└Genus *Micrathene*（サボテンフクロウ属）				
Micrathene whitneyi	Elf Owl	サボテンフクロウ		
└Genus *Athene*（コキンメフクロウ属）				
Athene noctua	Little Owl	コキンメフクロウ		108
Athene brama	Spotted Owlet	インドコキンメフクロウ		112
Athene cunicularia	Burrowing Owl	アナホリフクロウ		114
Athene superciliaris	White-browed Owl	マダガスカルアオバズク (マダガスカルコキンメフクロウ※)		
Athene blewitti (*Heteroglaux blewitti*)	Forest Owlet	モリコキンメフクロウ	CITESI	
└Genus *Aegolius*（キンメフクロウ属）				
Aegolius funereus	Boreal Owl	キンメフクロウ		116
A. f. magnus		(亜種)キンメフクロウ	日本	
Aegolius acadicus	Northern Saw-whet Owl	アメリカキンメフクロウ		
Aegolius gradyi	Bermuda Saw-whet Owl	バミューダキンメフクロウ※	絶滅	
Aegolius ridgwayi	Unspotted Saw-whet Owl	メキシコキンメフクロウ		
Aegolius harrisii	Buff-fronted Owl	セグロキンメフクロウ		
└Genus *Ninox*（アオバズク属）				
Ninox rufa	Rufous Owl	アカチャアオバズク		
Ninox burhani	Togian Boobook	トギアンアオバズク(新)		
Ninox strenua	Powerful Owl	オニアオバズク		
Ninox connivens	Barking Owl	オーストラリアアオバズク		
Ninox rudolfi	Sumba Boobook	スンバアオバズク		

学名	英名	和名	備考	掲載頁
Ninox boobook	Australian Boobook	ヒメオオーストラリアアオバズク /ミナミアオバズク		
Ninox rotiensis	Rote Boobook	ロテアオバズク※		
Ninox fusca	Timor Boobook	ティモールアオバズク※		
Ninox plesseni	Alor Boobook	アロールアオバズク※		
Ninox novaeseelandiae	Morepork	ニュージーランドアオバズク		118
N. n. undulata		(亜種)キタニュージーランド アオバズク※	二国間	
Ninox scutulata	Brown Hawk-Owl	フーアアオバズク(新)		
Ninox japonica	Northern Boobook	アオバズク		
N. j. japonica		(基亜種)アオバズク	日本	
N. j. totogo		(亜種)リュウキュウアオバズク	日本	
Ninox randi	Chocolate Boobook	チョコレートアオバズク(新)		
Ninox obscura	Hume's Hawk-Owl	ムジアオバズク(新)		
Ninox affinis	Andaman Hawk-Owl	アンダマンアオバズク		
Ninox philippensis	Luzon Hawk-Owl	ルソンアオバズク(改)		
Ninox spilocephala	Mindanao Hawk-Owl	ミンダナオアオバズク		
Ninox mindorensis	Mindoro Hawk-Owl	ミンドロアオバズク		
Ninox spilonotus	Romblon Hawk-Owl	ロンブロンアオバズク(改)		
Ninox rumseyi	Cebu Hawk-Owl	セブアオバズク(新)		
Ninox leventisi	Camiguin Hawk-Owl	カミギンアオバズク(新)		
Ninox reyi	Sulu Hawk-Owl	スールーアオバズク(新)		
Ninox ochracea	Ochre-bellied Boobook	チャバラアオバズク		
Ninox ios	Cinnabar Boobook	シュイロアオバズク(新)		
Ninox squamipila	Seram Boobook	セラムアオバズク(改)		
Ninox hantu	Buru Boobook	ブルアオバズク※		
Ninox hypogramma	Halmahera Boobook	ハルマヘラアオバズク(新)		
Ninox forbesi	Tanimbar Boobook	タニンバルアオバズク(新)		
Ninox natalis	Christmas Boobook	ナタリーアオバズク /クリスマスアオバズク	二国間	
Ninox theomacha	Papuan Boobook	セグロアオバズク		
Ninox meeki	Manus Boobook	アドミラルティアオバズク(改)		
Ninox punctulata	Speckled Boobook	フイリアオバズク		
Ninox variegata	New Ireland Boobook	ニューアイルランドアオバズク		
Ninox odiosa	New Britain Boobook	ニューブリテンアオバズク		
Ninox jacquinoti	Solomons Boobook	ソロモンアオバズク		
Ninox sumbaensis	Little Sumba Hawk-Owl	ヒメアオバズク(新)		
└Genus *Uroglaux*（パプアオナガフクロウ属）				
Uroglaux dimorpha	Papuan Hawk-Owl	パプアオナガフクロウ		
└Genus *Sceloglaux*（ワライフクロウ属）				
Sceloglaux albifacies	Laughing Owl	ワライフクロウ	絶滅	
└Genus *Pseudoscops*（ジャマイカズク属）				
Pseudoscops grammicus	Jamaican Owl	ジャマイカズク		
Pseudoscops clamator	Striped Owl	タテジマフクロウ /ウサギフクロウ		120
└Genus *Nesasio*（オニコミミズク属）				
Nesasio solomonensis	Fearful Owl	オニコミミズク		
└Genus *Asio*（トラフズク属）				
Asio stygius	Stygian Owl	ナンベイトラフズク		
Asio otus	Long-eared Owl	トラフズク		
A. o. otus		(基亜種)トラフズク	日本	124
Asio abyssinicus	Abyssinian Owl	アビシニアトラフズク		
Asio madagascariensis	Madagascan Owl	マダガスカルトラフズク		
Asio flammeus	Short-eared Owl	コミミズク		126
A. f. flammeus		(基亜種)コミミズク	日本	
Asio capensis	Marsh Owl	アフリカコミミズク		126

あとがき afterword

映画「ロアーズ」や「エース・ベンチュラ」シリーズの影響でしょうか、昔から動物に囲まれた生活に憧れを抱いていました。漠然とした思いであったため、具体的な職業や方法を知らぬまま過ごしていましたが、ひょんなことから近所にエキゾチックペットショップがあるのを知り、今まで図鑑やテレビでの知識しかなかった生き物たちが、見て、触れて、飼育できることを知りました。全く違う業種に就いていましたが、そこからは無我夢中で勉強したと思います。そのショップに勤めるに至り、アドバイザーとして席を置いていたパンク町田さんとの出会いも、私のその後の人生を決定づけたと言っても過言ではありません。

その後、藤田征宏さんが代表を務める「猛禽屋」にて、当時食客をしていた町田さんからの紹介で、共に住み込みで猛禽類について学びました。藤田さんは思い切りのいい人で(面倒臭がりとも言う?)、かなり大きなプロジェクトや相当数の種類や羽数のタカやフクロウを任せてもらうこととなり、その過ごした時間は内容の実に濃いモノだったと思っています。初めての猛禽の係留は高額なシロオオタカ6羽。その夜は眠れなかったのを今でも覚えています。

手解きして頂いた師匠たちや多くのご縁があって、現在では多くの猛禽類たちに囲まれ、「ホワイト・ゴス企画」として繁殖場を持ち、一つの夢が叶ったこととなります。

本書を執筆するにあたり、諸手を挙げて協力して下さった方々に心より感謝致します。特に、アドバイスやフクロウの手配に奔走して頂いた藤田さんには、感謝の言葉が尽きません。

全てのアウリストの皆様にも、良いご縁がありますことを願います。

藤井 智之

Special Thanks

藤田 征宏、中嶋 友彦、小名木 智

Thanks

町田 英文、森本 晃生、小嶋 篤史、伊澤 伸元、大友 玲子、有山 智樹、 高橋 剛広、浅野 芳守、渡邉 太

【参考文献】

■猛禽類の医・食・住／パンク町田(どうぶつ出版)　■世界猛禽カタログ／パンク町田(どうぶつ出版)
■ザ・フクロウ／加茂元照・波多野鷹(誠文堂新光社)　■コンパニオンバードの病気百科／小島篤史(誠文堂新光社)
■猛禽類学／山﨑享(文永堂出版)
■OWLS A GUIDE TO THE OWLS OF THE WORLD / CLAUS KÖNIG FRIEDHELM WEICK, AND JAN-HENDRIK BECKING
■HANDBOOK OF THE BIRDS OF THE WORLD Volume 5 / JOSEP DEL HOYO , ANDREW ELLIOTT , JORDI SARGATAL
■OWLS OF THE WORLD Their Lives, Behavior and Survival / DR.JAMES R.DUNCAN
■OWLS OF THE WORLD A Photographic Guide / HEIMO MIKKOLA
■UNDERSTANDING OWLS / JEMIMA PARRY-JONES

藤井 智之（ふじい ともゆき）**著**

神奈川県茅ヶ崎市出身。猛禽類全てを扱う鷹匠を目指す。猛禽類の繁殖施設「White-Gos Centre（ホワイト・ゴス企画）」を運営し、鷹匠としてプロダクション業、害鳥防除、野鳥調査と全国を廻る。動物イベントなどにて「マルフジ（超）生物界研究所」名義で、その時夢中になっている生物の小売販売の出展も行うが、こちらの成績は今一歩。URL http://white-gos.jp

協　力（50音順、敬称略）

アクアホリックジャパン、生きものや若家、iZoo、小野隆司、オリュザ、掛川花鳥園、ガットリベルタ、カフェ・リトルズー、国島洋、近藤誠記、佐野広美、清水達也・恵理、白川光一、竹花史奈子、東武動物公園、鳥と小動物の病院 falconest、鳥のいるカフェ、中村直人・雅子、西林佐智子、根岸美千子、熱帯倶楽部、パクチーバル 8889、ハンティングアニマル、東あど、フクロウカフェクルー、ふくろう茶房、フクロウのみせ、藤田征宏、藤原剛、プミリオ、ホワイト・ゴス企画、間中紳介、光岡紫乃、村上博美、猛禽屋、山田奈津希、山中陽子、山本史子、リミックス ペポニ

写真提供

藤井智之、掛川花鳥園、山田奈津希、ハンティングアニマル、バーデン、鳥と小動物の病院 falconest

制　作

Imperfect（竹口太朗、平田美咲）

川添 宣広（かわぞえ のぶひろ）**編・写真**

1972 年生まれ。早稲田大学卒業後、出版社勤務を経て 2001 年に独立（E-mail　novnov@nov.email.ne.jp）。爬虫・両生類専門誌をはじめ、『爬虫類・両生類ビジュアル大図鑑 1000 種』『爬虫類・両生類フォトガイドシリーズ』『日本の爬虫類・両生類フィールド観察図鑑』（誠文堂新光社）、『爬虫類・両生類 1800 種図鑑』（三才ブックス）など手がけた関連書籍、雑誌多数。

――**撮影者あとがき**――

本書を作成するにあたり、多くの方々に多大なるご協力を頂きました。猛禽屋代表・藤田征宏さんには制作中、終始ご尽力頂きました。爬虫類が縁で親しくさせて頂いている国島洋さんにも多大なご協力を頂き、熱帯倶楽部高橋さんとハンティングアニマル浅野さんには多くの方々をご紹介頂きました。現在、フクロウが注目を集め、人気者になっている背景には、猛禽類に携わってきた偉大な先駆者たちの努力の賜物で、先輩方への尊敬の念が制作を進めるほどに増す思いを感じたものです。そして、無理な要望にいつも快く応じてくれた藤井さん、ありがとうございました。本文執筆だけではなく、見えない所でもたくさんのお力添えを頂いたこと、心より感謝致します。

PERFECT PET OWNER'S GUIDES《パーフェクト ペット オーナーズ ガイド》

飼育《しいく》、品種《ひんしゅ》、接《せっ》し方《かた》がよくわかる

増補改訂《ぞうほかいてい》 フクロウ 完全飼育《かんぜんしいく》

2020 年 5 月 22 日　発　行　　NDC488

著　者　藤井智之《ふじいともゆき》

発行者　小川雄一

発行所　株式会社 誠文堂新光社

〒113-0033 東京都文京区本郷 3-3-11

［編集］電話 03-5800-5776

［販売］電話 03-5800-5780

https://www.seibundo-shinkosha.net/

印刷・製本　図書印刷 株式会社

ISBN978-4-416-62015-1